這才是行銷

2018 美國行銷協會行銷名人堂得主

賽斯·高汀 著

徐立妍 陳冠吟 譯

THIS IS MARKETING

SETH GODIN

目次

獻給李歐、安娜、莫、山米、艾力克斯、柏娜黛、西恩……
以及所有讓我們的生活更美好的新鮮建議

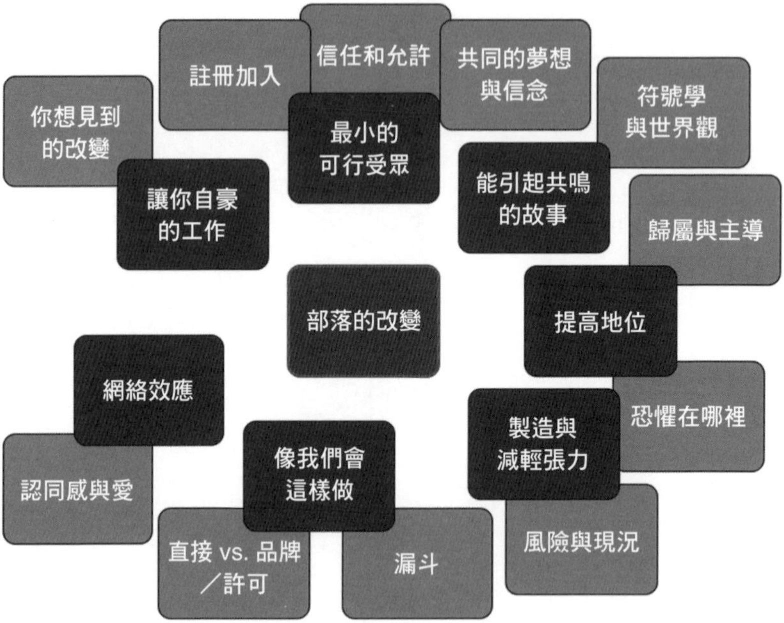

這張草圖顯示出你接下來要面對什麼

作者的話

行銷就在我們身邊，從你最早有記憶一直到你翻開這本書之前，就一直浸淫在行銷當中。你從路邊的招牌學會閱讀，付出時間與金錢來回應行銷者花錢呈現在你面前的東西。行銷，不只是一片湖或森林，而是我們現代生活的樣貌。

因為行銷已經影響我們太久，我們覺得理所當然，就像魚不懂水的存在，我們不知道到底發生了什麼，從沒注意過這如何改變了我們。

是時候對行銷做些別的了，讓事情變得更好，帶來你想在這世界上看到的改變。當然，這是為了發展你自己的計畫，但更重要的是為了你所關心的人。

大概每個跟工作有關的問題，其實都能用一句話來問：「你能幫助誰？」

這就是行銷

- 行銷要找到更多。更多市占、更多顧客、更多工作。
- 行銷的動力來自更好的，更好的服務、更好的社群、更好的結果。
- 行銷創造文化，創造地位、附屬，以及像我們這樣的人。
- 最重要的是，行銷就是改變。
- 改變文化，改變你的世界。
- 行銷人讓改變發生。
- 我們每個人都是行銷人，每一個人都有能力創造比自己想像更大的改變，

而我們的機會和責任就是去做讓我們自豪的行銷。

你的向日葵有多高？

大多數人所在乎的似乎是這個——品牌有多大、市占率有多大、網路上的粉絲有多少……太多行銷人花費大把時間炒作宣傳，只努力想要再更大一點。

問題是，高大的向日葵擁有深層而複雜的根部系統，若缺乏這樣的根部就絕對長不高。

這本書要談的就是根。讓你的工作深深扣住夢想、渴望，以及你想要服務的社群。談的是如何讓人變得更好，創造你能夠引以為榮的成果；談的是如何帶動市場，而不只是被市場牽著鼻子走。

我們可以做些事去影響在乎的人，如果你就和我們大多數的讀者一樣，我想你也不會用其他方法。

東西不會自己賣

人們不會馬上就接受最棒的點子，就算是冰淇淋聖代和紅綠燈，也花了好幾年才說服人們。

這是因為最棒的點子需要做出明顯的改變，與現狀背道而馳，何況慣性又是一股強大的力量。

因為有太多雜音、太多不信任，改變充滿風險。

因為我們總希望別人先試試看。

你提出了最偉大、最具遠見的作品，但是要找到適用客群還需要幫忙，你最成功的結果將會廣為流傳，因為你的設計就是如此。

行銷不只是賣肥皂

如果你站上TED舞台演講，你在行銷。

如果你向老闆要求加薪，你在行銷。

如果你為住家附近的遊樂場募款，你在行銷。

而且沒錯，如果你想擴大工作上的編制，那也是行銷。

長久以來，過去那段行銷和廣告是同義詞的日子裡，行銷都是握有預算的副總裁說了算。

現在該你說了算。

市場做決定

你已經做出一點了不起的成績，但你得賺錢過日子，你的老闆想提高銷售數字，你所關心的那個重要的非營利組織需要募款，你支持的候選人民調低迷，你希望老闆批准你的計畫……

為什麼沒有用？如果創造是重點，如果寫作、繪畫、建造這麼有趣，為什麼還要在乎別人是否看見了我們、認出我們，擔心我們的作品是否發表、傳播，或者以其他方法商業化了？

行銷就是讓改變發生的作為，光只有生產還不夠，在你沒能改變一個人之前都還不算發揮影響力。

改變老闆的心意。

改變學校體制。

改變大家對你的產品需求。

你只要製造緊張再予以紓解，只要建立起文化規範，只要看出身分地位並想辦法改變（或維持），就能做到。

但首先你必須看見，然後必須選擇與人共事，幫助他們找到自己在尋找的東西。

怎麼知道自己有行銷問題

你不夠忙。

你的點子沒能廣傳出去。

你身邊的社群並沒有成為理想中的樣子。

你所關心的人並沒有達成他們所希望的一切。

你支持的政治人物需要更多選票，你的工作成就感不足，你的顧客很困惑……

如果你發現還有方法能讓事情變得更好，你現在就有了行銷問題。

解開電影的答案

電影製作人兼電視節目統籌布萊恩・考波曼（Brian Koppelman）用「解開電

影的答案」這種說法，講得好像電影成了問題一樣。

但的確，電影是要解開觀影者（或製作人、或演員、或導演）的問題。為了得到那份資格，為了讓他們接納你，為了有機會能說出你的故事。更棒的是，為了讓這個故事有所影響。

電影是個問題，而你的行銷故事同樣是個問題，你的故事必須和聽者有所共鳴，說出他們引頸企盼的話，告訴他們願意相信的事情，這個故事必須邀請他們踏上旅程，去可能發生改變的地方。然後，如果你打開了所有的門，這個故事必須能解決問題，言出而必行。

你有行銷問題，也可能會有答案。

但你必須主動尋找。

行銷你的成果就是一封可以變更好的客訴信

有人說最好的抱怨方法就是把事情做得更好。

不過要是你無法把話傳出去，分享那些點子，或者無法因你的工作而賺錢，就很難做到這點。

要把事情做得更好，第一步就是做出更好的成果。

但更好不是自己說的，沒辦法靠自己就做出更好的東西。

更好的是我們看見市場接受我們所提供的東西而有所改變，更好的是文化吸收了我們的成果並有所進步，更好的是我們讓客戶的夢想實現。

行銷人可以讓改變發生且讓事情做得更好。

讓人分享你邁向更好的道路就叫做行銷，你可以做得到。我們都能做到。

想知道更多這本書所提到的點子，

請造訪 www.TheMarketingSeminar.com 網站。

第 1 章

不對大眾市場 不用垃圾郵件 不必感到羞愧

Not Mass, Not Spam, Not Shameful...

行銷已經改變了，但是我們對自己下一步該做什麼卻還不太清楚。感到疑惑的時候，我們自私的嚷嚷著；被逼到牆角時，我們打小球戰術，竊取對手的地盤而不是拓展市場；受到壓力時，我們以為人人都和我們一樣，只是沒人知道罷了。

最主要的原因是，我們都記得在大眾市場的世界中成長是什麼感覺，當時電視和熱門金曲前四十名就定義了我們。身為行銷人，我們想要重複傳統的技倆，但那些已經不管用了。

指向信任的羅盤

大約每三十萬年，南北兩極就會互換，地球磁場反轉。

在我們的文化中，反轉的頻率要更高一點。

在文化轉換的世界中，改變就這麼發生了，真正的北方，也就是最有效的方法，已經反轉，如今有效行銷已經不靠自私的大眾，而是仰賴同理心和服務。

在這本書中我們要一起解開一系列相關的問題，包括如何傳播你的點子？如何發揮你尋求的影響力？如何改善文化？

沒有清楚的路線圖，也沒有簡單的一連串計策讓你能夠按表操課，但我所能承諾你的是一副羅盤：指向真正的北方，越常使用就會越有效的遞迴法。

這本書是根據一場為期一百天的研討會而寫成，當中不只包含了課程，還有同儕之間依據共通的工作給予指導，在TheMarketingSeminar網站上，我們集結了上千名行銷人，要求他們往深處挖掘，分享彼此的歷程並互相提出挑戰，找出真正有效的方法。

在你一路往下讀時，隨時都能折返，重新提出假設並質疑目前的作法，你能夠調整、測試、評估並重覆。

行銷是我們的一大重要使命，這是能帶來正向改變的工作，我很開心你能加入這趟旅程，希望你能在這裡找到你所需要的工具。

行銷不是打仗、不是戰爭，更不是競賽

行銷是幫助某人解決問題的慷慨之舉，解決他們的問題。

這是能夠將文化變得更好的機會。

行銷很少會用到大吼大叫、哄騙或強迫。

而是提供服務的機會。

網路是第一種並非為了讓行銷人開心而發明的大眾媒體。電視的發明是為了播放電視廣告，廣播則是為了讓電台廣告能有棲身之所而發明。

但是網路並非依憑著干擾和大眾而建立，它是最大的媒體卻也是最小的，沒有所謂的大眾，你也無法像祖父母的公司那樣花一塊錢就偷得眾人注意。讓我清清楚楚說明：網路看起來像是一塊廣大而免費的媒體遊樂場，在這裡你的每一個點子都值得讓所有人看見，但其實這裡充斥著幾十億人的竊竊私語，還有沒完沒了的私人談話串，很少讓你或你的工作得以參與。

廣告的魔力是一道陷阱，讓我們無法建立有用的故事

長久以來，企業要想造就大規模的改變，最有效的做法很簡單：買廣告。廣告有用，不會太貴，還能負擔自己的費用，再說製作廣告很有趣。你可以一次買到很多東西，廣告會讓你（或你的品牌）變得有名一點點，而且很可靠：花多少

錢就等於賺進多少消費。

行銷人很快就認定他們要做的就是廣告，這有什麼好奇怪的嗎？在我大部分的人生中，行銷就是廣告。

然後，突然間就不是這麼回事了。

也就是說你得成為行銷人了。

這表示你看見其他人所看見的，製造張力，與社群合作，創造出能夠傳播的點子，這表示你擔起帶動市場的嚴苛工作並與（你那一部分的）市場合作。

關於傳出好口碑（完全問錯了）

「我該怎麼傳出好口碑？」

擅長操作搜尋引擎最佳化（search engine optimization，縮寫為SEO）的人向你保證，人們只要一搜尋就能找到你。

臉書顧問告訴你要如何打擾到對的人。

專業公關保證能提供多少文章、多少提及次數、多少個人檔案。

還有《廣告狂人》裡的唐・德雷波（Don Draper）和廣告教父大衛・奧格威（David Ogilvy）等人都會把你的錢換成廣告，換成美麗性感又有效的廣告。

這一切都是為了傳出好口碑。

但那不是行銷，再也不是了。而且沒有用，再也沒有用了。

我們要來談談別人如何找到你，**但那是最後一部分，不是第一步**。行銷很重要，所以要好好做，這表示要先把其他部分做好。

無恥的行銷人讓其他人蒙羞

只想在短期內得到最大獲利的推銷者很可能會懷著厚顏無恥的心態，大發垃圾郵件，採用耍詐強迫的手段，會有其他職業的人做了這些事還臉不紅氣不喘的嗎？

不可能有哪個土木工程師大半夜還打電話給老人家，只為了賣給他們毫無價值的收藏用硬幣；不可能有哪個會計師未經允許就取得顧客資料；也不可能有哪個交響樂團指揮會大言不慚的在網路上張貼假評論。

這種為了追求注意力而犧牲了真相的無恥行為，讓許多有道德而善良的行銷人藏起自己最棒的作品，因為他們對於受到市場驅動這個面向感到羞愧。

這可不行。

另外一種行銷，也就是有效的那種，是會去理解我們顧客的世界觀和渴望，這樣才能與之連結，重點在於你不在時顧客會想念你，在於為那些信任我們的人帶來超乎他們期待的東西，這樣的行銷尋求的是自願參與，而非犧牲受害。

有越來越多人投入行銷這行，因為他們知道他們可以把事情做得更好，他們準備好要和市場建立緊密連結，因為他們知道自己能夠對我們的文化有所貢獻。

他們就是像你這樣的人。

鎖與鑰匙

先打了鑰匙，然後才四處奔波尋找需要打開的鎖，這一點也不合理。

唯一有生產力的解決方案是先找到鎖，然後才製造鑰匙。

先為你想要服務的顧客製造出產品和服務，要比做出產品和服務後再找顧客要容易多了。

行銷不必只為了自己

事實上，最好的行銷從來不是為了自己。

行銷是慷慨幫助他人成為他們想要成為的樣子，包括創造出誠實的故事，一些能引起共鳴並流傳出去的故事。行銷人必須提供解決方案，讓人有機會能夠解決自己的問題並向前走。

當我們的點子傳播出去後，也就改變了文化，我們打造出一旦消失就會讓人想念的東西，能夠賦予他人意義、連結與可能性。

另一種行銷，也就是大吼大叫、哄騙或強迫的那種，光憑自私而茁壯，我知道這種方法的效果無法長久，我相信你能做得更好。我們每個人都可以。

案例研究：企鵝魔術

魔法逝矣。

他們發明網路就是為了像企鵝魔術這樣的公司。

在你成長的過程中，或許住家附近有間魔術道具店，我老家小鎮上就還有一間，燈光昏暗，拼裝著假的木頭壁板，坐在櫃檯顧店的幾乎一定就是老闆，雖然他可能很愛這份工作，卻一定不是很成功。

今天，如果你對魔術有興趣就一定知道企鵝魔術，這家公司並非魔術道具的亞馬遜商店（因為要成為某種商品的亞馬遜真的很難），卻能成長到相當可觀的規模，它靠的是和亞馬遜非常不同的經營方式，而且能夠完全理解他們的顧客想要什麼、知道什麼、相信什麼。

首先，在網站上販售的每一樣道具都有影片示範，當然影片中並不會揭露魔術的手法，藉此營造緊張氣氛。如果你想知道祕密，就得花錢買下道具。

到目前為止，他們在網站上以及YouTube上的影片已經有超過十億人次觀賞，有這十億人次觀賞完全不用再花錢推廣。

第二，經營網站的人知道專業魔術師很少會買道具，因為每天晚上的觀眾都不同，所以不必擔心老是表演同一套東西，所以他們的口袋裡只需準備十幾、二十種常用的把戲。

不過業餘者就不一樣了，他們的觀眾都是同一批人（朋友和家人），所以他們必須經常變換把戲。

第三，每種道具都有詳細評論，這些評論者並不是在Yelp評論網站或亞馬遜網站上出沒的呆瓜，而是其他魔術師留下的評論。這群人不好取悅，不過他們都很欣賞好作品，在網站上有超過八萬兩千件商品評論。

結果，企鵝魔術上的商品品質汰換率非常快速，製造商馬上能看到競爭者的成品，激勵他們製造出更棒的商品。像這種通常要花上好幾年才能完成的製造循環，在企鵝魔術或許只要花一個月就能從構想轉化成產品。截至目前為止，他們網站上登錄超過一萬六千個不同品項。

接下來，企鵝魔術的展望是持續投入心力於建立連結，不只是與現有的社群（他們的郵寄名單上有幾萬名客戶），還要再跨出去。他們已經主辦了三百場講座，就像是魔術版的TED演講，同時也實際接觸人群，舉辦將近一百場集會。

魔術師之間互相學得越多，企鵝魔術的生意就越可能成長。

你不是抽著雪茄的肥貓

你不是為肥皂工廠工作，你不是夕陽產業的行銷人。

那你為什麼表現出那個樣子？

你的集資創業者就要逼近截止期限了，成果如此篤定，你有充分的理由發出垃圾郵件轟炸每一個你所認識的「有力人士」，企盼能促成連結，但他們卻愛理不理。

你為內容行銷公司工作，就算你寫的東西廢到自己都覺得不好意思，你近乎執迷的追蹤自己的文章有多少點閱數。

你製作圖表來展示有多少人追蹤你的ＩＧ，只是你也知道其他人會乾脆花錢買追蹤人數。

你降低價格，因為別人說你的收費太高，但這樣似乎也沒什麼幫助。

都是同樣的老套，就是工業化社會的自私老把戲，只是為了新的世代而包裝成現代的樣子。

你的急切並不保證能偷得我的注意力，而你的不安全感也不代表你就能騷擾我或我的朋友。

有更有效的辦法，你做得到。這不容易，但是步驟一清二楚。

是時候了

是時候離開社群媒體的旋轉木馬了，這裡只會越轉越快、越轉越快，卻哪裡也去不了。

是時候停止哄騙、插入干擾了。

是時候停止垃圾郵件還要假裝別人會感謝你。

是時候停止為普通人製造普通的東西，卻又希望自己能收取比商品價格更高的費用。

是時候停止拜託別人成為你的客戶，也是時候不再為工作收費而感到難堪了。

是時候停止尋找捷徑，也是時候開始走上長遠而可行的道路並一直堅持下去。

第 2 章

行銷人學會觀看

The Marketer Learns to See

一九八三年我任職於Spinnaker平台服務公司，當時我還很年輕，只是個經驗不多的品牌經理。從商學院畢業後就加入了這家新創軟體公司，突然間手上握有幾百萬美元的預算，被動的去和廣告業務代表們共進豪華午餐，還有一項迫切的需求：把口碑傳出去，讓人知道我們超棒的團隊所開發的軟體。

但那些廣告費全部都浪費了，廣告沒有效果，沒人理會這些廣告。只是不知道為什麼，軟體還是賣得很好。

多年來，我進行許許多多項計畫，把商品和服務賣給各家企業與個人，合作對象包括游擊行銷（Guerrilla Marketing）之父傑伊・李文森（Jay Levinson）、直接郵件行銷教父萊斯特・文德曼（Lester Wunderman），以及說故事行銷的大前輩博娜黛・吉瓦（Bernadette Jiwa），我所提出的點子建立起價值數十億的公司，也為重要的慈善活動募到數十億元。

在這一路上我所做的大部分就是要注意什麼有用，並努力找出沒有用的方法，這是一場仍在進行的試誤實驗（大多數是錯誤），對象則是我所關心的計畫和組織。

現在我握著一塊羅盤指出今日的行銷是什麼、指出人類的情況以及我們的文化。這個方法很簡單，但要被採納並不容易，因為這需要耐心、同理心和尊敬之心。

如今充斥在我們所有人生活中的行銷並不是你想要做的行銷，花錢買注意力，把普通的東西賣給普通人，這樣的捷徑是另一時空遺留的產物，而我們現在生活的時代已經不同了。

你可以學著去發現人們夢想、做決定與行動的方式，如果你能幫助他們成為自己所追求的那種更好的自己，你就是個行銷人。

行銷五步驟

第一步是發明值得製造的東西、值得述說的故事，還有值得說嘴的貢獻。

第二步是將之設計、建造成少數人尤其能夠從中受惠並在乎的樣子。

第三步是說出符合這一小群人內心自述與夢想的故事，這些人就是最小的可行市場。

第四步是大家都會感到興奮的一步：把話傳出去。

最後一步是很多人都會忽略的：現身，要年復一年定時、經常且大方現身，組織並領導，為你想要創造的改變建立信心，藉此你就有理由能夠繼續下去，並有資格去教導別人。

身為行銷人，我們的工作經常能夠幫助點子透過一個接一個人傳出去，和團體連結，也讓改變發生。

這就是行銷：執行綱要

誰能夠傳遞出點子就是贏家。

行銷人讓改變發生：針對最小的可行市場，傳遞出備受期待、屬於個人的、相關的訊息，這是人們確實想聽到的。

行銷人不會用顧客來解決公司的問題，而是用行銷來解決其他人的問題。他們擁有同理心，知道他們想要為之服務的人並不想要行銷人想要的、不相信他們所相信的，也不在乎他們所在乎的，或許永遠都不會。

我們文化的核心在於我們對地位的信念，在於我們對自己在任何互動中自我認知理解的角色，在於我們接下來的方向。

我們利用地位角色和我們對聯繫與控制的判斷來決定要往哪裡去、如何到達。堅持不懈、言行一致而經常述說的故事，傳到適當的聽眾耳裡就能贏得注意力、信任感與行動。

直效行銷和品牌行銷並不相同，但都是依據我們的決定，為對的人做對的事。「像我們這樣的人會做這樣的事」，我們每個人都是這樣在理解文化，而行銷人每天都鑽研著這種想法。

概念會順著一道滑坡傳遞，滑過一開始就接納的人，跳躍過一道裂口，然後重重落入人群中。有時如此。

注意力是珍貴的資源，因為我們的大腦充斥著雜音，聰明的行銷人讓那些他們想要合作的對象輕輕鬆鬆就能專注，將提供的資訊安排在能夠引起共鳴、容易記住的位置。最重要的是，行銷的開始（通常也是這麼結束）是我們如何行動，而非在設計產品並送出後才隨之而來的一大堆東西。

你略施小計就能讓情況有所不同，但是你的策略，也就是你所奉行的行事方式、要說的故事、許下的承諾，則能夠改變一切。如果你想要造就改變，就從造就文化開始，從組織彼此緊密關聯的團體開始，從讓人們同心一致開始。

文化能勝過策略，甚至可以說文化就是策略。

行銷人知道的事

1. 有決心且有創意的人能夠改變世界（其實只有他們能夠做到），你可以現在就行動，可以造就比你所能想像還更大的改變。
2. 你無法改變所有人，所以應該要問：「這是為了誰做的？」有助於專注行動，幫你應付那些不相信的人（在你腦裡的聲音還有外在世界的）。
3. 改變最好要有意圖，「這是為了什麼？」是重要的工作態度。
4. 人類會跟自己講故事，那些故事就我們自己看來都是完全、徹底真實的，若想要說服他們（或我們自己）其實並非如此，就太蠢了。
5. 我們可以把人組織成典型的團體，這些人通常（但不是必然）會告訴自己類似的故事，這樣的團體會根據自己所認知的地位與其他需求而做出類似的決定。
6. 你所說的並不比別人如何說你還更重要。

CHARITY : WATER RAISED A QUARTER OF A BILLION DOLL
AND IMPACTED MORE THAN SEVEN MILLON LIVES. ANDY LE
AND PURPLE CARROT DEVIVERED MORE THAN 400,000 VE
MEAL KITS. HUGH MACLEOD MAKES A LIVING(AND CHAN

第 3 章

行銷如何藉故事、連結、經驗改變大眾

Marketing Changes People Through Stories, Connections, and Experience

BUILT A BILLION-DOLLAR CHAIN OF RESTAURANTS AND CHAN
THE WAY RETAURANT SERVICE WAS DONE. MICHAEK BUN
STANIER SOLD 150,000 COPIES OF HIS SELF-PUBLISHED BOOK
COACHING. AMANDA PALMER MADE ART FOR HER 11,
PATRONS. THE ALTMBA HAS MORE THAN 2,000 ALUMNI WHO

案例研究：視覺春天——將眼鏡賣給需要的人

每個人腦中都有一個故事，用這樣的敘事在這世界上尋找方向，而最耐人尋味的是每個人的敘述各有不同。

幾年前我跟著一小群團隊造訪印度一處鄉村，試圖理解視覺春天（VisionSpring）在工作時所面臨的挑戰。

視覺春天是一家社會企業，努力讓世界各地需要眼鏡但卻無法取得的十幾億人口能擁有閱讀用的眼鏡。

在人類平均壽命只有三、四十歲的時候，大多數人到五十歲才會需要的閱讀眼鏡就不太重要；但是隨著平均壽命增加，越來越多人發現自己其實很健康又有活動力，但就是無法工作，因為他們無法閱讀或者做近距離檢視的工作，如果你的工作是織布工、珠寶工匠或護理師，可能就無法不戴眼鏡工作。

視覺春天的策略是以非常低廉的成本大量製造漂亮的眼鏡，大概是一副兩美元（約六十元台幣），然後跟當地四處巡迴的銷售員合作，他們將眼鏡帶到世界各個村落中，再以每副三美元上下（約九十元台幣）的價格販售。

製造成本與銷售價格之間一美元的落差足以支付運送成本以及當地人力成本，也讓公司能夠持續成長。

我們在村莊裡擺好桌子後，就有很多人過來看看發生什麼事。那天天氣很熱，大白天的也沒什麼其他事可做。

男人們穿著傳統的印度工作衫，衣服上繡著花紋，前方都有一個口袋。我可以透過輕薄的布料看見，幾乎每個人口袋裡都放著盧比鈔票。

所以我知道了三件事：

1. 從他們的年齡看來，這些人當中有許多都需要眼鏡。這是簡單的生物學。
2. 許多人都沒有戴著或攜帶眼鏡，所以他們應該沒有眼鏡。
3. 大部分在附近閒晃的人口袋裡都有點錢，雖然對一天只賺三美元的人來說，這些眼鏡可能很貴，但每個人都有點閒錢。

村民一個個接近我們的攤位時，我們會發給每個人一張層壓板（laminated sheet），上面印有視力測驗。測驗設計給即使不懂閱讀的人、無論他們說哪種語言都能夠使用。

然後，我們再把一副試戴的眼鏡給拿著層壓板的村民，讓他們再做一次測驗，就這樣，他們馬上就能看得很清楚，眼鏡的效用就在這裡。對這些男男女女來說，眼鏡並非新科技，也不是無法信任的。

接下來，拿掉試戴眼鏡放在一旁，顧客可以照鏡子試戴十種不同風格的鏡框，每一副眼鏡都是全新的，包裝在小小的塑膠套裡。大約有三分之一來到攤位又需要眼鏡的村民都買了一副。

三分之一。

我想不通。

我很驚訝，竟然有65%的人需要眼鏡，知道自己需要眼鏡，也有錢能夠買眼鏡，卻這樣走開了。

設身處地從他們的角度來想，我仍無法想像他們為何做出這種決定。眼鏡攤再過一個小時就要收了，價格實惠得驚人，這套可靠的科技確實有用，我們到底哪裡做錯了？

我在太陽底下坐了一個小時，努力思考著這個問題。懊惱自己身為行銷人而努力的一切竟然落到現在這個地步。

我只改變了這個過程中的一個環節。

一件事就讓賣出去的眼鏡數量翻倍。

我做了這件事：我把桌上所有的眼鏡都收起來。

對那些還在排隊的村民，在他們試戴過試用眼鏡之後，我們說：「這是您的新眼鏡，如果您覺得有用而且又喜歡，請付三美元。如果不想要，再請還給我們。」

就這樣。

因為我們改變了故事，從「這裡有個購買的機會，能夠讓你變得好看，重拾視力，在過程中獲得樂趣，從頭到尾感覺自己擁有點什麼」，變成「你想要我們拿走你所擁有的，或者你要付錢買下對你已經有效果的眼鏡？」

渴望獲得vs.避免失去。

如果你一直生活在極度貧窮中，就很難想像那些比較幸運的人在買東西時所能獲得的樂趣，不容易感受到購買一件過去從未買過的東西有多麼令人興奮。

逛街買東西就像一場冒險，我們得付出時間和金錢去尋找新東西，或許是很棒的東西，然後我們能夠承擔這樣的風險，因為買錯也不會死，犯錯也不會讓人吃不了晚餐或得去醫院檢查。

而且，就算我們錯了，不但能夠繼續活下去，隔天還能回頭再買。

換個角度來想，我理解到或許其他人對購買的想法和我並不一樣，或許也和西方眼鏡銷售員的想法不同，於是我有了不同想法，或許我們想要服務的這些人認為購買新東西很危險，而不認為這是有趣的活動。

大部分在常見的郊區購物中心逛街的青少年如果知道他們不能試戴所有眼鏡，大概會大發雷霆，認為自己在這件事上沒有選擇權。

我們大多數人都不想要一副二手眼鏡，都想要漂亮的新眼鏡，就算「二手」只代表之前有人試戴過一次也不要。但是以為每個人都知道你所知道的，想要你所想要的，相信你所相信的，這樣並沒有幫助。

我對於如何購買眼鏡的敘述，比起隊伍中下一位村民心中的敘述並沒有更好或更糟，我的敘述就只是我的敘述，如果沒有用卻還一直堅持這樣講下去，那就太自以為是了。

我們讓事情變得更好的方法是要關心我們所服務的人，關心到能夠想像他們需要聽見的故事，我們必須大方分享那樣的故事，才能讓他們願意採取自己能夠引以為豪的動作。

想想休旅車的例子

這本書的讀者大部分都不是汽車銷售員，但我們大部分人都買過車。

在此需要思考的問題是：為什麼你會買下你所買的那輛車？

為什麼從來不在越野道路上開車的人要花九萬美元（約二八〇萬台幣）買一輛豐田 Land Cruiser 越野休旅車？

為什麼要多花錢購買特斯拉的滑稽模式（Ludicrous Mode），你又不打算（或不需要）在三秒內從零加速到時速六十英里（約時速九十六公里）？

為什麼要花三千美元（約九萬台幣）在車上安裝立體音響，反正你在家也只聽三十美元（約九百台幣）買來的廣播鬧鐘？

更讓人困惑的是：車輛最受歡迎的顏色會因購買的型號不同而有不同。

如果我們在購買一輛五萬美元（約一五〇萬台幣）的車輛時，實用性並不是主要的決定因素。那麼買一瓶香水或一條口香糖時可能會這麼做嗎？

行銷不是要比賽誰能用更少的錢附加更多特色。

行銷是我們的使命，為了那些我們所服務的人帶來改變，而要帶來改變就要理解驅動著每個人的那些不理性的動力。

四分之一吋鑽頭的即興演出

哈佛行銷學教授席爾多．李維特（Theodore Levitt）說過一句名言：「人們不想買四分之一吋的鑽頭，他們想要一個四分之一吋寬的洞。」

這告訴我們，鑽頭只是一個象徵，是達到目的的手段，而人們真正想要的其實是鑽頭能鑽出的洞。

但是那樣還不夠深入，沒人只想要一個洞。

人們想要的是他們把洞鑽好之後，就能把架子釘在牆上。

其實，他們想要的是看到一切都整理乾淨後的那種感覺，既然現在有了四分之一吋寬的洞，他們就能把東西放到釘上牆的架子上。

不過先等等……

他們也想要那股知道這是自己完成的滿足感。

或者當另一半欣賞他們的工作成果後，在兩人關係中地位就會有所提升。

又或者是知道房間不再是一團糟，而且安全又乾淨，然後心境就會平靜許多。

「人們不想買四分之一吋的鑽頭，他們想要安全感並受到尊重。」

答對了。

人們不想要你做的東西

人們想要的是這些東西能為他們做什麼，想要這些東西能給他們的感受，而所能選擇的感受也沒那麼多。

基本上，大部分行銷人所傳達的都是同一種感受，只是用不同的方法，使用不同服務、產品和故事，而且為不同的人在不同的時間點完成。

如果你能為某人帶來歸屬感、連結感、心靈平靜、地位提升，或者其他某種人最想要的情緒，你所做的事情就有價值。你所販賣的東西只是一條通往這些情緒的道路，我們將焦點放在策略而非成果上的時候會讓眾人失望，我們所有決定都應該依循這兩個問題：為了誰？為了什麼？

故事、連結、經驗

好消息是我們不需要倚賴最為閃亮、最新的數位媒體捷徑，我們手裡握有更為強大、細膩而不受時間限制的工具。

我們說故事。要說能引起共鳴並經得起時間考驗的故事，要說真實的故事，因為我們付諸行動、透過產品和服務讓這些故事成真。

我們建立連結。人類很寂寞，想要被看見、被知道，人們想要參與某些事情，這樣比較安全，而且通常更好玩。

我們創造經驗。使用產品、運用服務、做出捐獻、參與集會、諮詢客服，這種種行動都是故事的一部分，每一種都會建立起我們的一點連結，我們身為行銷人，可以有意圖地提供這樣的經驗、刻意為之。

這一整套都對行銷人有用而可靠，因為行銷就涵蓋了這一切，包括我們做了什麼、如何做到、為誰而做。這既是效應也是副作用，既是收費也是收益，這一切都是。

受市場驅動：誰在駕駛巴士？

每個組織，也可以說每項計畫，都會受到一股主要的驅動力影響。有些餐廳是倚靠主廚驅動，矽谷則通常是靠科技驅動，紐約的投資公司則是金錢驅動，專注在股價或最新的金融操縱手法。

不管你選擇哪種驅動力，這股力量就是能讓人聽得最清楚的聲音，而擁有這個聲音的人就有資格坐在會議桌主位。

通常公司組織都是受到行銷驅動，他們只注重虛華的外表，把焦點放在報價上，也就是表面漂亮，想要能多擠出一塊錢。

我並不是很想要幫助你變得受行銷驅動，因為這是死路一條。

另一條路是市場驅動，也就是聽見市場的聲音，仔細聆聽，更重要的是要影響市場、控制，把市場變得更好。

如果你受到行銷驅動，你會專注在最新的臉書資料演算法，設計新商標，或你的加拿大定價模型；不過另一方面，如果你是受市場驅動，你會針對顧客及其朋友的希望與夢想多加思考，傾聽他們的煩惱並將資本投注在改變文化上。

市場驅動才能長久。

理性選擇的迷思

個體經濟學根據一條明顯有誤的論述：「理性行為者會考慮可取得的資訊、事件的可能性以及決定性偏好的潛在成本與利益，並持續選擇自己認為是最好的行為。」這是維基百科的定義。

當然不是如此。

或許如果樣本數夠大，平均起來可能在某些方面展現出一點這樣的跡象。但我不希望你把機會賭在這上頭。

事實上，你應該下的賭注是：「在心存疑慮的時候，可以假設人們會依據自己當下不理性的衝動而行動，忽略與自己信念相牴觸的資訊，並用長期利益交換短期近利，更會受到自己所認同的文化影響。」

這裡你可能犯了兩個錯誤：

1. 你假設所想服務的顧客都握有充足資訊，並且做決策時能夠保持理性、獨立且有長遠考量。
2. 假設每個人都像你一樣，知道你所知道的，想要你所想要的。

但我並不理性，你也不是。

第 4 章

最小可行市場

The Smallest Viable Market

你想創造什麼改變？

這個問題很簡單，卻也很沉重，因為這代表你要承擔責任。你的行動帶有意圖，想要執行改變，你這個人努力想要改變其他人。

這或許是你的工作，或許是你的熱忱所在，如果你運氣好，可能兩者兼具。

這個改變可能很細微（「我想要將OZO牌洗衣皂的市占率提升1%，而要做到這點，必須讓一些高樂氏〔Clorox〕的使用者改用OZO」），也可能很顯著（「有十二名孩童參加我所負責的課後輔導，我想要幫助他們，讓他們知道自己的潛力和能力更勝於這個世界說他們所能做到的程度」）。

或許可以說是「我要把不投票的人變成會投票的人」，或者「我要把想控制一切的人變成渴望與人連結的人」。

不管具體的內容是什麼，如果你是行銷人，你要做的事情就是讓改變發生。如果否認這點是一種逃避，大方承認會更有生產力。你當然會遭遇到阻礙：

阻礙一：忍不住就會想選一個偉大而幾乎不可能發生的改變：「我想要改變

音樂教育的面貌，使之成為全國各地的優先要務。」是啦，這樣很棒！但是以前從沒發生過這樣的事，以你的資源也辦不到。我非常喜歡能夠改變戰局的全壘打，我熱愛那些人們在所有條件都不利的情況下仍然成功、改變了一切的故事。

但是……

這個負擔很沉重，同時在感到絕望的時刻也是相當方便的藉口，難怪你停滯不前，因為你想要做的是不可能的事。

也許先從你跳得過的跨欄高度開始比較合理，也許合理的是要非常明確知道你想要造成的改變是什麼，並讓改變發生，然後憑藉這次的成功，你就能複製這次經驗去面對更大的挑戰。

阻礙二：你想要捍衛自己已經在做的事情，也就是販賣你原本就負責販賣的東西，於是你逆向製造出符合這件事情的「改變」，然後填滿了流行語，但是沒有人知道那是什麼意思。我就發現下面這個例子：「收看透納電視網（TNT）新推出的驚悚影集，投入其中，在觀眾身分的論述上再加一層論述。」

真的行得通嗎？

另一個例子是我太太開的順道麵包店（By the Way Bakery），在全球的無麩質麵包店中是規模最大的。他們改變了什麼？「我們想要確保沒有人被遺漏，我們提供無麩質、無奶製品、具猶太食品認證的烘焙食品，而且還很好吃。我們讓整個社群都能參與到特別的家庭聚會，讓主人不必拒絕某些人，而能歡迎所有人，客人也從局外人成了自己人。」

你做了什麼承諾？

行銷人帶著他們的訊息出現時（無論用哪種媒介），總是包裝成一種承諾：「如果你做了X，就會得到Y。」這樣的承諾通常是隱藏起來的，可以是不小心才擱置一旁或者經過刻意偽裝，但是所有有效的行銷都會做出承諾。

承諾跟保證並不一樣，承諾比較像是：「如果這對你有效，你會發現……」

因此，我們可以邀請人們到我們的爵士俱樂部度過一個不只是愉悅的夜晚；或者承諾說只要他們聆聽我們的錄音帶，就能踏上一趟心靈之旅；或者我們特別的起司能帶他們到古老的義大利……這裡我們所說的不是口號而已，這些口號能夠讓人一窺我所討論的這種承諾。

「我在鋼琴前坐下時，人們都笑了……但是只要我開始演奏……」這是關於地位的承諾。

「紅浪來襲！」[1]這是關於制霸全場的承諾。

「挑剔的媽媽都選吉夫（Jif）花生醬。」這是關於地位和尊重的承諾。

「我宣誓效忠……」這是關於歸屬的承諾。

「這個世界需要優秀的律師。」這是關於連結正義的承諾。

你的承諾會直接連結到你想要做出的改變，你所承諾的對象就是你想要改變的人。

1 譯註：「紅浪來襲！」（Roll Tide!）是美國阿拉巴馬大學運動校隊常用的啦啦隊口號，因為該所大學校隊通常穿著深紅色隊服，而隊伍進場時看起來就像紅土土石流襲捲而來一般，所以為隊伍加油時便喊出這個口號，代表隊伍會像土石流一樣擊垮對手。

你想改變誰？

只要你問過自己想做出什麼樣的改變，就很清楚你不可能改變每一個人，每一個人加起來是很多人，而且太過多元、太過龐大又太過冷漠，你根本沒有機會改變他們。

所以，你必須改變某人，又或許是一群某人。

哪些人？

我們不在乎他們是不是看起來都一樣，但要是有什麼方法能將他們湊在一起，真的會很有幫助。他們是否有共同的信仰？地理位置？人口組成？或更有可能的是共同的心理變數？

你能夠從一群人中挑出這些人來嗎？是什麼讓他們和其他人不同而又與彼此相似？

在整本書中，我們會一再回頭探討最基本的問題：「這是為誰所做？」這是一股微妙而神奇的力量，能夠改變你所製造的產品、你所述說的故事，以及你說故事的場合，只要你清楚明白「這是為了誰」，各扇門就會一一為你敞開。

這裡有個簡單的例子。Dunkin' Donuts 甜甜圈和星巴克都賣咖啡，但是在星巴克創立的前二十年當中，他們並不會試圖把咖啡賣給去 Dunkin' 買咖啡的顧客，反之亦然。

雖然表面上可以看出這兩種客群的外在特質有所不同（在波士頓，你會發現在傳統 Dunkin' Donuts 店裡坐的更多是計程車司機和建築工人，星巴克裡則較少見），不過其中真正的差異並非是外在因素，而是內在氣質。星巴克所要服務的目標顧客對於咖啡、時間、金錢、社群、機會和奢華有一套相當特定的信念，只要緊抓著這群某人，星巴克就能建立起維持長久的品牌。

世界觀和人物誌

但針對哪個市場？

哪些人？

如果你必須選一千個人成為你的鐵粉，應該選誰呢？

一開始要根據人們的夢想、信仰和想望來選擇，而不是根據他們看起來的樣子，也就是說要運用心理變數而非人口組成。

就好像你可以根據人們眼珠的顏色或者無名指長度來分組，也可以根據他們對自己述說的故事來分組，認知語言學家喬治・萊考夫（George Lakoff）稱這些群組為世界觀。

世界觀是一種捷徑，我們每個人觀看這個世界都會透過這對透鏡，這就是我們的假設和偏見，還有，沒錯，我們對周遭這個世界的刻板印象。福斯新聞（Fox News）的忠實觀眾有他們的世界觀，獵狐者有，會去看《洛基恐怖秀》（*The Rocky Horror Picture Show*）午夜場電影的觀眾也有。每一個人都應該被視為一個個體看待，保有他們的面子也要尊重他們的選擇，但身為行銷人，我們必須從一種世界觀開始，並邀請認同這種世界觀的人加入我們，比起「這是我做的」，「你想要什麼？」是另一種非常不同的論述。

如果我們能夠確認人們的世界觀，就能相當準確猜到他們對於某件消息或作品會有什麼反應或回響。

二〇一一年，朗恩．強森（Ron Johnson）受雇成為傑西潘恩連鎖百貨公司（JCPenney）的執行長時，一開始便停止連續不斷的折扣和跳樓大拍賣手法，這家公司過去一直用這種方法來吸引顧客。強森根據他的世界觀改採不同的行動，根據他認為該如何購物的偏見——一家高品質的零售商，也就是他自己會去購物的地方，不應該經常透過清倉拍賣、折價券和折扣來行銷，於是他試圖將傑西潘恩轉變成他想要的商店，結果讓銷售數字暴跌了超過50%。

強森之前是在蘋果公司負責零售營運的資深副總，他透過一對優雅、低調而彼此尊重的透鏡看待零售業的世界。他會購買奢華商品，也喜歡販售奢華商品，而套用他這種世界觀的結果是拋棄了真正喜愛潘恩百貨公司的消費者：喜歡搜索特價資訊的人們，還有跳樓大拍賣，也就是那些世界觀與他不同的人。潘恩百貨的各類顧客像在競賽一樣，這是一場讓他們覺得自己得到勝利感的比賽。

沒錯，我們是在塑形，刻意誇大人們的態度和信念，這樣才能為顧客提供更好的服務。

這樣的練習有一道方便的捷徑，也就是先辨識出我們可能會遇到的不同人物誌。例如這位是特價比爾，他在購物的同時就像在比賽，要跟自己對金錢的觀念角力；這位則是匆忙亨利，他總是在找捷徑，很少會願意乖乖排隊、閱讀指示或好好思考，至少在他出差時不會這麼做；不過在他旁邊的是謹慎卡拉，她懷疑計程車司機不懷好意，很確定櫃台的服務人員會狠狠敲她竹槓，而且絕對不會喝飯店房間迷你酒吧的東西。

人人都有自己的問題、慾望和敘事。

你想要服務的是誰？

強迫聚焦

如果一味追著大眾的口味跑，一定會讓你覺得很無聊，因為大眾就表示平庸，表示處於曲線中央，必須不冒犯到任何人也要滿足每一個人，結果就是必須妥協、均化。所以你要從**最小可行市場**開始，意思是你所付出的心力必須影響到的最低人數是多少，才算值得？

如果你只能改變三十個人，或三千個人，你就會比較挑剔能改變哪些人。如果你在範圍上有所限制，就會把精力轉而專注在市場組成上。

聯合廣場咖啡（Union Square Cafe）在紐約開幕時，創辦人丹尼・梅耶爾（Danny Meyer）知道他一天只能服務六百人，那是用餐空間所能服務的所有人數。如果你只能取悅六百人，一開始的最佳方法就是先選擇哪六百個人，選擇有哪些人想要你所提供的服務，選擇有哪些人最為心胸開放，願意傾聽你的訊息，選擇有哪些人會把口碑傳給其他適合的顧客……聯合廣場咖啡的魔力並不在於地段（開幕時的店面地點實在不怎麼樣），也不在於知名主廚（他們沒有主廚），不，它的魔力在於有勇氣細心培養客群。選擇你所服務的人，選擇你的未來。

最小可行市場就是聚焦於此。說來既諷刺又有趣，這將是帶領你業績成長的重點。

針對特定受眾需要勇氣

「特定」表示願意負責。

有效或者無效。

符合或者不符合。

能夠傳播或者不能傳播。

你是否隱身在**每個人**或**任何人**背後？

你永遠無法服務每一個人，也幸好如此。沒這種事，你才比較不會失望。

但若是你只專心服務最小可行受眾會怎麼樣？如果你精確知道自己想要服務的客群，並且確切知道你想要創造的改變是什麼，又會怎麼樣？

圍繞著最小值來整合你的計畫、你的人生和你的組織，找出你所能藉以生存的最小市場是什麼。

一旦認清範圍，接下來你就要找到在這片市場中迫不及待想引起你注意的角落人群。你一定要盡全力滿足他們，你必須在地圖上找到一個位置，讓你，而且只有你，才是完美的解答。用你的關愛、注意力和專注力填滿這群人的想望、夢想和慾望，讓改變發生。這樣的改變如此強烈，人們會忍不住要談論它。

精實創業（lean entrepreneurship）就是圍繞著最小可行產品的概念而建立起來的，想出你的產品如何以最簡單而有用的版本出現，與市場連結，然後進行改良並重複這段過程。

不過大家總是忽略這個概念中的可行這個詞，要是送出垃圾產品尤其不應該，如果大家總是推出不能使用的產品就沒多大用處。

我們將這些概念組合在一起之後，就能從小處著手並快速思考，我們能夠迅速與市場接軌，再加上持續專注於我們想要服務的人，表示我們更有可能派上用場。

企業家史蒂夫．布蘭克（Steve Blank）同時也是矽谷先驅，他認為專注在顧客身上是新創公司的唯一企畫，發展客群就是贏得顧客歡心的行為，你必須在你所製造的東西和顧客想要的東西之間找到契合之處，這樣的互相牽引比起炫目的科技或昂貴的行銷更有價值。這一點，也只有這點，才能夠區分出何者為成功的企畫、何為不成功的企畫。這世界上有人非常希望你成功，願意付錢讓你創造出你想要創造的改變嗎？

只要你不再自以為能夠服務**每一個人**，一切都會變得更簡單。你的工作不是為了每個人，而只是為了那些自願參與這趟旅程的人。

避開不相信的人！

同溫層效應很容易讓我們身邊只充滿我們認同的新聞，相信每個人都擁有和我們一樣的世界觀，相信我們所相信的，並想要我們所想要的，就這樣一天度過一天。

直到我們開始針對大眾做行銷。

如果我們想要服務最大可行受眾，觀眾會將我們拒之門外，他們說「不」的合唱聲響震耳欲聾，而且他們的回饋可能很直接針對個人，而且很精確。

面對這麼多拒絕的聲音，我們很容易就選擇磨鈍自己的銳角好融入多數人，完全融入，甚至比其他人更加融入。

抵抗吧。

要做的事不是為了他們。

而是為了最小可行受眾，那些你一開始就決定要服務的人。

愛在哪裡？

先驅科技記者克雷・薛爾奇（Clay Shirky）很了解由社群驅動的軟體如何改變一切：「過去我們所生活的這個世界，為了愛所做的事情很渺小，為了金錢所做事卻很重大。如今有了維基百科，突然之間，為了愛也能造就很偉大的事物。」

但這不僅限於軟體。

最小可行受眾的目標就是找到能夠理解你的人，他們會愛上你希望帶他們前往的地方。

愛你就是一種表達他們自己的方法，而成為你行動的一部分則是表達出他們的自我認同。

那樣的愛會形成牽引力、讓他們投入、為你傳道，那樣的愛會成為他們自我認同的一部分，讓他們有機會去做感覺對了的某件事，透過他們的貢獻、行動，以及所配戴的徽章來展現自我。

你不可能期待每個人都有這樣的感受，但是你選擇的工作可以為有這種感受的人而服務。

很少出現「贏家通吃」的局面

即使在民主體制中，當第二名幾乎沒有什麼好處，「每個人」的概念也是錯誤的。

我曾經和兩名國會議員選舉幹事聊天，他們一直在討論如何將訊息傳播給每個人，如何與每個人連結，如何讓每個人都去投票。

我做了一點研究，在該選區上一次的初選，只有兩萬人去投票，這表示在競爭激烈的初選中，只要能讓五千人去投票就能決定輸贏。該選區有724,000名居民，五千人還不到1％。

在五千人和「每個人」之間有很大的差別，但對你的工作來說，五千名正確的受眾或許已經遠超過你所需要的。

簡單一個字就能產生轉變

現在你知道你的工作就是要創造改變，而要做到這點你必須找出你想要改變的人，讓這些人願意加入你的行列，並在這一路上教導他們如何改變。現在讓我們一起轉變一下，你可以如何描述那些你想要改變的人。

與其談論未來的願景和顧客，或許我們可以稱這些人為你的「學生」。

你的學生在哪裡？

他們從學習中能獲得什麼好處？

他們願意接受教導嗎？

他們會跟其他人說什麼？

這不是那種測驗與遵守規矩的師生關係，也不是性別歧視或種族歧視的權力流動，而是學生與導師之間投入參與、選擇和關心的關係。

如果你有機會教導我們，我們會學到什麼？

如果你有機會學習，你想要我教你什麼？

把海洋染成紫色

有種很危險的惡作劇是使用抓小偷的染料，這種染料以粉狀販賣，顏色相當鮮亮，只要一丁點就能很持久。粉末只要碰到你溼潤的皮膚就會染出亮麗的紫色，而且很難洗掉。

舀一小匙粉末加入游泳池內，池水就會被染成持久的亮紫色，但如果加到大海裡，肯定沒人會注意到。

如果你想要分享你最棒的作品，可能是你最棒的故事，也是你創造改變的機會，如果找到能散播開來的感染力會很有幫助，效果持久的話更能加分。但即便這份作品超乎尋常，如果丟進海洋裡也不可能造成什麼差別。

但這不表示你應該放棄希望。

這表示你應該遠離海洋，找一個大游泳池。

這樣就足以造成改變。從那裡開始，不斷堅持目標，等到出現效果後，再找另外一個游泳池，更棒的是讓你的最佳顧客來幫你散播這個點子。

「這不是為你做的」

我們不應該這麼說，我們當然不會**想要**這麼說。

但我們必須要說。

「這不是為你做的」表示你能夠尊重某人，尊重到你不會浪費他們的時間，向他們推銷，或者堅持要他們改變信念。當告訴他們：「我為你做了這個，不是為了其他人，而是你。」也展現出你尊重那些你想要服務的人。

但這是同一枚硬幣的兩面。

你有自由可以選擇忽略那些不懂笑話的批評者，也有權利為那些最需要聽到你故事的人費心潤飾一番……也因此，你才能找到讓自己引以為榮的工作。

那些你不想服務的人怎麼想的並不重要，重要的是你是否改變了那些相信你的人、那些與你有所連結的人、那些你想服務的人。

我們知道在亞馬遜網路書店上的每一本暢銷書至少都有幾則一顆星的評論，要創造出人人都重視並且喜愛的作品根本不可能。

喜劇演員的兩難

某位當代最偉大的喜劇演員準備在紐約市演出，但是他的經紀人卻漫不經心。演員出現在俱樂部，心情正好，他準備了最好的段子，走上台對著觀眾表演，現場卻沒有人笑。

一點笑聲都沒有。

他抖出一個又一個包袱。

表演過後他整個人垂頭喪氣，考慮著乾脆退出喜劇界。

然後他發現這群觀眾其實是義大利來的觀光團，沒有人聽得懂英文。

「這不是為你做的。」

很有可能是你的作品並未達到應有的水準，但也有可能你一開始就沒說清楚這是為了誰而做的。

簡單的行銷承諾

這裡有個樣板，讓你可以直接套用的三句行銷承諾：

我的產品是為了那些相信＿＿＿＿＿＿的人而做的。

我會專注於想要＿＿＿＿＿＿的人。

我承諾只要持續使用我的產品，就能幫助你達到＿＿＿＿＿＿。

你真以為你來這裡只是賣肥皂嗎？

案例研究：敞開心胸計畫

蘇珊・派佛（Susan Piver）是一名備受敬重的冥想導師，她寫了一本紐約時報暢銷書，課程也總是爆滿。她就像許多前輩一樣，有一份工作以及一小群追隨者。

但是她發現從外地來的人參加過一次靜坐冥想課程後，都會問：「我們要怎麼在住家附近找到適合的導師，能夠與他們連繫並繼續練習呢？」

為了應付這樣的需求，她決定在網路上建立冥想中心，也就是僧伽（sangha）。幾年後，僧伽有超過兩萬名成員，大多數人都能收到定期更新及影片課程，而這樣的互動完全無須付費。不過有些人則更加投入，他們會付費訂閱參與和導師（及彼此）的互動，幾乎是每天都會進行。

她如何能夠收到兩萬名成員？這可不是一次就能收到的會員，而是幾千次慢慢累積得來。

經過短短幾年，這項小型計畫已經成為世界上最大的冥想社群，計畫中只有一名全職員工，卻能連結並啟發成千上萬的人。

美國有無數個冥想導師，他們都有筆記型電腦，和蘇珊一樣都能與世界連結，但為什麼只有敞開心胸計畫能造成這樣的影響呢？

1. 一開始就用同理心去發掘真正的需求者，而不是自以為是的需求。不應該問「我怎麼開始做生意？」而是「這裡什麼最重要？」

2. 專注在最小可行市場上：「最少要有多少人覺得你的產品不可或缺，值得你繼續做下去？」

3. 符合你所服務之人的世界觀，帶著他們想聽的故事現身，用他們迫切想理解的語言述說。

4. 讓傳播變得簡單。如果每位成員都能多帶一名成員，不出幾年你就會得到數不清的成員。

5. 贏得那些你所服務之人的注意力和信任，並保持下去。

6. 提供更進一步的方法。與其為你的作品尋找成員，不如尋求為你的成員創造作品。

7. 在這條路上的每一步，隨著人們在旅程中朝著目標邁進，多製造一點張力並提供紓解。

8. 經常現身，保持謙遜的姿態，並專注在能夠發揮效果的部分。

第 5 章

追尋「更好的」

In Search of “Better”

在啤酒倡議組織（Beer Advocate）網站上所列出的啤酒中，其中有二五〇種各獲得超過三千四百條評價，每種啤酒都是某人的最愛，很可能在美國就有上千種啤酒，都是某個人的最愛。

怎麼會這樣？因為品味很重要，而其他人都錯了。

若是某個行銷人一來就說：「這個比較好。」那就錯了。

他的意思其實是：「某人覺得這個比較好，或許對你也比較好。」

行銷的核心是同理心

人們不相信你所相信的。

他們不知道你所知道的。

他們不想要你所想要的。

確實，但我們並不想接受。

Sonder 這個字的定義是在某個瞬間，你發現身邊的每一個人其實內心世界都和你的一樣豐富而互有衝突。

每個人的腦中都有雜音。

每個人都認為自己是對的，他們都曾經遭受過別人的冒犯與不敬。

每個人都很害怕，每個人也都明白自己很幸運。

每個人都有想要讓事物變得更好的衝動，想要有所連結、有所貢獻。

每個人都想要某個他們不可能擁有的東西，而如果能得到，他們又會發現其實自己根本不是真的想要這個。

每個人都很寂寞、不安，還有一點虛假，而且每個人都會在乎某樣東西。

於是，身為行銷人，若是我們對其他人行銷的方法是堅持要他們照著我們的計畫走，要他們理解我們多麼努力工作、我們腦中的雜音有多麼大聲，我們的目標有多重要……，我們就沒什麼機會成功。

隨他們起舞反而更有顯著的效果。

百萬交易

試想這位非營利組織募款人的困境。她想要募集一百萬美元在校園裡建造新大樓，每次她跟某個基金會或慈善家碰面而遭到拒絕後，她會對自己說：「沒有錯，想募到這麼一大筆錢真是瘋了。我自己也絕對不會捐一百萬去做慈善，光付自己的房租就夠麻煩了。」

她的募捐活動一直沒有成功。

但同理心能夠改變這個狀態，因為這筆錢跟她沒有關係，而是捐款人。

要讓捐款人對自己說：「這筆一百萬捐款是一項交易，做了這個決定，我將會得到至少價值兩百萬美元的喜悅、地位和滿足感。」這樣做就沒有問題，這就是選擇運作的方式。

我們所購買的每一樣東西，包括每一項投資、每一件飾品、每一次經驗，都是一次交易，所以我們才會買下，因為那樣事物的價值超過了我們所付出的價錢，否則我們就不會買了。

也就是說，回頭看看那位不愉快的募款人，如果不願意用同理心去理解你想服務之人內心的敘事，那就是在偷竊。

你的確是在偷竊，因為你扣留了一項有價值的選項，你並未讓他們理解能夠從你所創造的成果中獲益多少……如果有如此了不起的獲益，那就是交易。

如果他們知道你能提供什麼卻選擇不買，那麼這東西就不是為了他們而做的。不是今天、不是以這個價格，也不是那個樣子。

那樣也好。

思考何謂「更好的」

人們很容易就會認定遞移關係的存在，也就是 A＞B＞C，例如在長度上就有用，尺比拇指長，而拇指又比胡椒粒長，所以尺比胡椒粒還長。

但是如果我們是在為人們編造故事和機會，這種線性的比較沒有意義。

愛馬仕包包比 LV 包包還貴，而 LV 包包又比 Coach 包包貴，但是這不表示愛馬仕的包包「更好」，只表示他們的包包比較貴，而這只是某人或許會在乎的眾多事情中的其中一件。

花費或許容易衡量，但是從來就無法顯示花費更多就一定更好。

不如考慮一下更為主觀的衡量標準，例如「風格」、「時尚」或「地位」？

比較一下子就變得不像線性了，不容易衡量，完全不清楚「更好」的意思是什麼。

「更好」不是由你決定

在克里夫蘭，有超過二五〇種可購買的摩托車型號，你能一一說出名字來嗎？沒有人可以，就算是摩托車蒐藏家也辦不到。

同理也可套用到番茄醬、保險經紀公司和教堂。

那麼，我們在選擇產品時該如何處理並謹記這份資訊？

我們會記得最好的。

最好的什麼？

這是最關鍵的問題，答案是**對我們最好的**。

如果我們在乎的是永續性和價格，那麼我們大腦中就會為我們最喜愛的品牌留個位置，而那就是永續性和價格表現最好的。不意外。

但如果我們的鄰居更在乎自己在群體中的地位與奢華，他心目中的品牌就會大不相同。

這也不意外，因為我們是人，而非機器。

身為行銷人的工作就是要在地圖上找到一個有利的位置，那是某（些）人想要找到的。你不會提出一個自私自利而獨特的銷售提案，只是為了盡量提高你的市占率，而是提出許多人都能看見的燈塔，就像送出一發信號彈，讓想要找到你的人能夠輕易發現你。

我們是這樣，不是那樣。

行銷狗食

狗食一**定**越做越好，更為營養，當然也更加美味。

去年，美國人在狗食上的花費超過二四〇億美元，平均的價格水漲船高，而原料的美味程度也快速提升，像是番薯、鹿肉和放牧畜養的牛肉。

但是，我從來沒見過狗去買狗食。

你看過嗎？

狗食在變貴的同時或許也越來越好吃，但是其實我們並不知道是否真的如此，我們不知道狗狗是不是更喜歡了，因為我們不是狗。

但是我們可以肯定狗主人更喜歡了。

因為狗食是賣給狗主人的，是為了能帶給他們某種感受而製作，為了那種照顧寵物的滿足感，以回報寵物對你的忠誠和熱情；為了那種購買奢華商品的地位，以及分享的慷慨。

有些狗主人想要花更多錢在他們所購買的狗食上，有些人想要無麩質的狗食，還要添加一大堆高價的安慰劑。

不過我們可別搞錯了這一大堆創新都是為了什麼，不是為了狗。

是為了我們。

狗食公司的行銷人可能認為賣出更多狗食的祕訣就在做出味道更好的食物，但是必須先理解狗的想法，而這點實在難如登天。

到頭來，正確的配方應該是做出狗主人想買的狗食。

我舉這個例子目的不是要幫助你把狗食賣得更好，而是要你了解在成果和吸引力之間幾乎總是存在著斷層，而工程師（或製造者）對於最佳性價比組合的選擇幾乎和行銷人的選擇不相同。

在我們腦中有兩種聲音，一種是狗的聲音，這個聲音所說的話不多，但卻知道自己想要什麼；還有一種是狗主人的聲音，所說的話很微妙、互相矛盾且複雜，總是在應付無窮無盡的回應，而且很容易分心。

就像狗主人要根據幾百個因素（口味除外）來選擇，你想要服務的人會在乎各種不同的輸入和情緒，而不只是比賽誰比較便宜。

選擇你的極限，就是選擇了你的市場，而反之亦然。

早期採納者並非適應者——他們渴望新事物

早期採納者站在行銷人旅程的起點，重要的是不要認為他們**能夠適應**。適應者在世事變遷時會想辦法如何隨波逐流，他們並不喜歡這樣，但還是想出辦法。

早期採納者不一樣，他們喜歡追求新奇的事物，對新奇上了癮，新發現讓他們興奮不已，享受「這可能行不通」的緊張感，同時也從炫耀自己的發現中得到樂趣。喜歡新奇事物的人非常能夠容忍那些想跟他們一同創新者的錯誤，不過在發現一開始所帶來的興奮感消退後，則變得極度無法容忍。

一直不斷尋求更好的東西，正是他們一直尋找新東西的原因，在早期採納者的眼中你不會是完美的，最多只能做到讓他們感覺有趣。

身為行銷人的工作會將你在兩個極端之間拉扯，有時候你會忙著創造有趣的新作品給那些容易感到無聊的人；有時候你又會努力要創造出能夠維持長久的產品和服務，讓它們從那一小群嘗鮮者當中延伸出去，接觸並取悅市場中其他部分。

行銷人所要做的每件事幾乎都必先思考過這樣的區別，這也是我們一再提出的魔法問題：**這是為誰做的？**

你想要服務的人，他們到底相信什麼？想要什麼？

外星爬蟲人類祕密在做的事

德國美茵茨大學（Johannes Gutenberg University）的羅蘭·因霍夫（Roland Imhoff）教授想要了解，是什麼原因讓某些人選擇了自己的信仰。

最特別的是他一直在研究某類特定邊緣族群：陰謀論者。既然我們知道陰謀論並不是真的，為什麼特別能夠吸引某些人？又是哪些人會受到吸引？

他在一項研究中引述，研究發現有許多人相信黛安娜王妃其實還活著，她只是假造自己的死亡，但這些人也相信她遭到謀殺。另一個類似的研究中，有些人相信奧薩瑪．賓拉登早在美國海豹部隊抵達他的住所之前就已經死亡，而這些人可能也會說賓拉登還活著。

真相在這裡不是問題，也不可能。真正的情況是這些陰謀論者認為自己屬於異數，**他們是在尋找一種感覺，而非邏輯事實**，並因此感到安心。因霍夫寫道：「有些人認為這種人對陰謀論深信不疑是因為缺乏自制，結果並非總是如此，他們只是在內心深處需要覺得自己與眾不同。」

在因霍夫的研究中，他告訴美國的陰謀論者一些編造的「事實」，有關德國的煙霧偵測器中藏有陰謀。當他說在德國有81%的人都相信這項陰謀論，他們不太有興趣也沒有繼續探究的熱忱，但要是他們知道只有19%的人支持這項理論，他們的興致就來了。

陰謀論者支持被忽略的弱勢論點，藉此與自己所渴望的情緒連結，也就是要感覺自己是獨特的，是勇敢說出事實的人，是異數。

這群人並不認為自己是瘋子，每位成員也不會自提一套獨特的理論，在這個領域各自為政，而是想要成為一個小團體的一分子，也就是一個少數團體，在這個團體中能夠直言不諱並彼此慰藉，他們對外在的世界則視而不見。每一次，他們跟其他爬蟲探子相聚時都能找到這種感覺。

許多早期採納者都屬於無數這樣的微型部落，很容易就能跳出來。

每個人遲早都會變成那種相信爬蟲人類控制這個世界的人（且還會持續一陣子），我們都在尋找屬於自己的那一小撮獨特。

謙卑與好奇心

行銷人對其他人感到好奇，他們會想知道其他人苦苦掙扎是為了什麼、是什麼讓他們採取行動，為了這些人的夢想和信念而目眩神迷。

行銷人虛懷若谷，願意接納他們的觀眾每一天總是掙扎於時間不夠、注意力不集中。

但是人們並不太想對你付出注意力，事實是你所買的廣告無法為你帶來最無價的東西。

我們只能抱持希望，受眾或許能自願拿他們的注意力來**交易**，交換他們需要或想要的東西。他們願意交易是因為你的東西實在很有興趣，他們願意交易因為他們相信你會說話算話。

不是每個人都會感興趣，但要是你把工作做對了，會有足夠的人感興趣。

這就像是鎖頭和鑰匙，你不是到處奔走抓住每個看起來像鎖頭的東西來試用你的鑰匙，而是先找到人（鎖頭），因為你很好奇他們的夢想和渴望是什麼，所以會專門為他們打造鑰匙，他們也會很樂意用自己的注意力來交換。

救生員不需要花太多時間吸引溺水者的注意，只要你帶著救生浮板出現，如果溺水的人知道自己陷在什麼風險當中，你就不必買廣告來讓他們抓住浮板。

案例研究：《危險心聲》（*Be More Chill*）
——不只一個讓票房大賣的方法

這齣音樂劇在紐澤西首演後，評價低劣，幾乎沒有人要去看，可是兩年後，其原聲帶卻出現在排行榜原劇組專輯榜上前十名，在專輯初版錄製後有超過一億次串流，《危險心聲》是你（還）看不到的熱門音樂劇。

除了《漢彌爾頓》（*Hamilton*）以外，這是當代最受喜愛的音樂劇，催生出同人小說、手繪版的動畫影片，以及在高中演出的版本。

這齣戲不在百老匯首演也造成這個現象，毋須承擔風險、耗費時間和委員會會議，幾乎不需要在首演之夜後有強大的評論加持。美國劇評家查爾斯・艾胥伍（Charles Isherwood）在《紐約時報》上寫道：「整體上毫無驚喜……平淡……陳腔濫調……」

問題是，這齣戲並不是為了艾胥伍或其他評論家而做的，而是恰恰針對會改編這齣劇的新世代，這些人會談論這齣戲、並彼此分享。有一位住在義大利拿坡里的粉絲叫做克蘿蒂亞・卡凱斯（Claudia Cacace），她參與了動畫影片的部分繪圖工作，然後住在美國愛達荷州愛達荷佛斯的朵芙・凱德伍（Dove Calderwood）看到了這段影片，便雇用她再多畫一點，然後就這樣傳播開來。

最近一次在紐約某家咖啡館進行的演出及見面會（見面會持續了好幾個小時），來自世界各地的粉絲專程來見創作者一面，而且同樣重要的，粉絲也想跟彼此見面。

說起來各位應該也不意外，這齣音樂劇又要翻新演出了，這次在外百老匯劇院。

要車做什麼？

更確切來說，年輕人買第一輛車是為了什麼？

這不只是交通的需求，畢竟十五歲的青少年不太會有交通問題，而且有很多年輕人沒有車子也撐過了大學生活。這是嚮往，而不是需求。

很少有哪種購買行為比買車所造成的改變更大，而在這個案例中，不同的人也會有不同的改變。

對青少年而言，買車能讓他們從依賴父母的小孩變成獨立的大人。這是在地位、認知和權力上的改變，不只是四個輪子那麼簡單。對家長而言，買車能讓他們從控制某人變成給予自由和責任感，這麼做讓他們必須認真討論關於安全、控制和地位的問題。

鄰居會說什麼？關於安全我們要告訴自己什麼？關於獨立、機會和溺愛呢？

這些一切變化都存在於買車這個決定的核心，而車輛的設計師、行銷人和業務注意到這些改變怎麼運作的時候，這些改變就更有價值了，因為他們在設計車輛時會將這些問題牢記於心。

太多選擇

傳統產業的行銷是依照付錢買廣告的人所建立，是針對顧客，而非為了他們而做。傳統行銷運用壓力、引誘以及任何可用的脅迫性手法來進行銷售，來找到客戶、獲取金錢、簽下合約。

當顧客別無選擇，只能夠聽從你的意見並與你交流。如果電視上只有三個頻道，鎮上只有一家商店，只有幾種選擇，那麼就很值得贏得這場比誰更爛的比賽。

但是獲得了新能力的顧客發現，有些行銷人眼中只是雜亂訊號的東西也可以是一種選擇，他們逐漸了解其實選擇有無限多種，永遠都還能找到其他替代品。對行銷人來說，這就像在沙漠裡賣沙一樣。

每年有上百萬本書出版。

在亞馬遜網路商店上有超過五百種充電器。

有各種教練、課程、俱樂部，是人們從來沒有想過，根本不會去雇用或參加的。身邊充斥著如海嘯般的各種選擇，大部分的提供者都只是為了自己的利益，而顧客會做出理所當然的選擇。掉頭就走。

定位為服務

在充滿選擇的世界中，我們所擁有的時間太少、空間太少，選項又太多，我們該如何選擇？

對那些我們想要服務的人來說，乾脆完全不管、甚至不要試圖去解決他們的問題會比較簡單，如果感覺不管怎麼選都會選錯，還不如什麼都不要做。如果這個世界充滿了各種主張和誇辭，人們什麼都不會相信。

行銷人可以選擇代表**某個東西**，與其說「你可以選擇任何人，我們就是任何人」，行銷人可以先從一位值得為之服務的觀眾開始，從他們的需求、想望和夢想開始，然後為這名觀眾建立起點什麼。

這表示你要發揮自己的極限。

找到優勢。

代表某個東西，而非一切。

方法是：畫出簡單的 XY 平面坐標。

每一種可用的替代方案都可以畫在平面坐標上（我現在還不會稱之為競爭者，等等你就知道為什麼），例如某家超市中所賣的各種洋芋片、治療背痛的各種照護方式、小

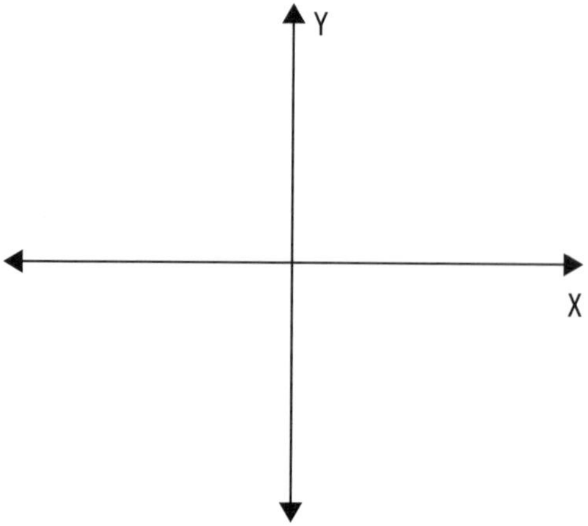

鎮上的各個宗教機構。

選擇兩個坐標軸，一個平行（X），另一個則是垂直（Y）。

每個坐標軸都是人們在乎的事情，可能是便利性、價格、健康、表現、受歡迎程度、技術層級，或者是效果。

例如，要把鑽石送到鎮上另一邊有六種方法，一個坐標軸是速度，另一個則是安全性，結果是武裝車輛和郵遞都能輕鬆確保送達裝在小信封袋裡的鑽石，但是一個時間較長，另一個則只需要一個下午就能完成。

如果你不在乎安全性，用單車快遞的速度更快，而如果你不在乎速度也不在乎

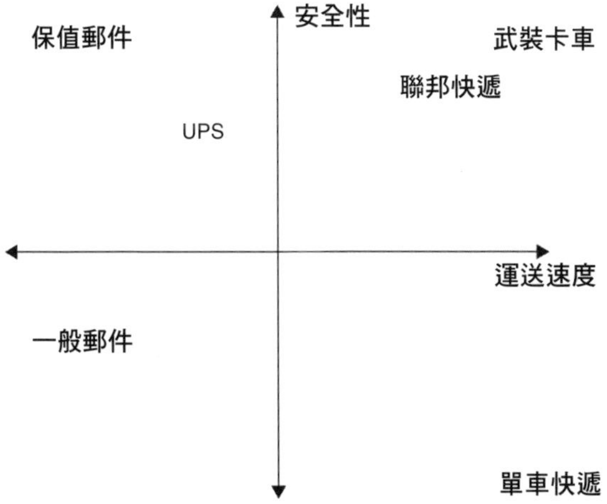

安全性，好吧，貼張郵票也很管用。

用XY軸來定位出極端狀況，這種方法的神奇之處在於能夠根據你所想要的，釐清哪種選項最合適。如果把坐標軸換成便利性、成本、環境影響或可擴展性，有沒有發現這張表會變得完全不一樣？

同樣的方法也能套用在洋芋片上（昂貴、在地生產、烘烤製作、獨特風味、厚切、便宜等等），或者用來比較沃爾瑪（Walmart）、薩爾斯（Zales）和蒂芬妮（Tiffany）珠寶（價格、便利性、地位、稀有性），或者比較郵輪和私人噴射機，又或者是比較福特、特斯拉和麥拉倫汽車。我們對各品牌的特性其實沒多大興趣，在意的是那些特性能引起我們什麼樣的情緒。

這裡提供幾種坐標軸讓你選擇，因為你比我更了解你的空間，相信你一定能夠想出更多。

速度
價格
表現
原料
純淨度
永續性
顯然性
維護費用
安全
前衛性
分布
網絡效應

迫切性
可見性
新潮
隱私
專業性
困難度
菁英度
危險度
實驗性
限定
不完整

在你選擇一項具備兩種極端特性做為 X 軸之後，找出另一種特性並做為 Y 軸，將你顧客所有的選項放在相應坐標上。

現在你有了一張顯示各種選項相較關係的圖表，這張圖可以讓忙碌的人用來找出解決自身問題的方法。

有些洋芋片的行銷說詞是健康、有機，有些則是傳統、滿足，還有其他的是便宜及熱銷。

行銷人一直都在做這樣的事。大衛．奧格威和羅瑟．李維斯（Rosser Reeves）在一九五〇年代做廣告時（可能還有唐．德雷波），他們發現市場上有個漏洞，然後就只是發明出某些主張和行銷主打來填滿這個洞，因此這塊肥皂是賣給追求純淨的人，而那塊肥皂則是賣給不喜歡肌膚乾燥的人。這些肥皂是不是一樣並不重要，因為這些肥皂已經自我「定位」，然後傑克．崔奧特（Jack Trout）和艾爾．萊斯（Al Ries）這兩位行銷先驅又更進一步，鼓勵行銷人將競爭者放在角落，而自己則努力堅守位置。

這麼做都很好，但是卻無法撐太久，在這個高度競爭的世界裡無法持久，因此我們可以做的應該是將競爭優勢想成：

●提出真實的主張，我們會不斷加倍努力去實踐。
●提出慷慨的主張，做為顧客的服務而存在。

例如出身本地的音樂教師，必須在一開始不能只說「我是本地人」，因為我們都知道，還有其他一樣出身本地的教師，而且，「我很會教書」以及「我不會罵小孩」也不是什麼值得拿來說嘴的特色。

不過，如果在一個坐標上他選擇了「我很認真、我的學生很認真，這是嚴格教學」，而另一個坐標則是「我的學生能贏得競賽」，突然間你就有了一個值得開車接送小孩去上課的教師，也是一個值得多付一點錢的教師。

這位教師是我小時候一直希望擁有的嗎？當然不是，這不是為了我，而是為了那些家長，他們會把練習室視為人格養成的地方，還有為了那些學生，他們把音樂視為競賽，這就是他們想要的。

而現在，這位教師的工作方式已經成形，因為他確實必須比其他教師更嚴格、更專業，他確實要做出困難的決定，也就是開除不夠認真的學生，而他也必須和自己的學生們更加努力不懈，才能真正贏得競賽。

隔著幾個街區的地方，另外一名教師落在平面坐標上完全不一樣的位置，她可以採取全人教育，著重在學習經驗上，而不是音符。同時也可以拒絕參加競賽，倚靠關係和慷慨來建立事業。

兩位教師對待不同的人都有不同的方法，他們不會互相競爭，只是剛好被放在同一張圖表上。

選擇你的坐標，選擇你的未來

當你看著一長串可用的特性，很容易就想選擇大多數人都喜歡的，畢竟要主張優勢是件辛苦的工作，而且選擇很少人喜歡的特性似乎很愚蠢。我們心想，最好還是選擇很多人都會選的。

如果你這麼做，當然就會選擇相當擁擠的象限，而如果沒有行銷的魔力，要在擁擠的象限中成長相當困難。你的顧客不知道該怎麼辦，所以什麼都不做。

另外一種方法是建立你自己的象限，找出被忽略的兩個坐標軸，建立故事，這個真實的故事能夠讓你信守承諾，將你放在成為清楚而顯著選擇的位置。

其他的人，也就是那些普通或花很大力氣成長的品牌，他們選擇了普通或受歡迎的坐標軸，通通擠在了一起，他們就像奧茲摩比、普利茅斯、雪佛蘭和其他寧可頹然度日而不事生產的品牌。

不過你就不同了，你承擔風險，這是屬於你的冒險，而或許，只是或許，外頭還有尚未接受足夠服務的顧客正迫不及待要找到你，想與你連結並把消息傳出去。

有好多、好多選擇

軟體、香水、保險、候選人、作者、裝置、教練、慈善，還有零售商，環顧各處都是品牌，如果你只能挑選一個品牌放在下列各種情緒的旁邊，你選擇的這個品牌必須能讓你產生特定的感覺，你會選擇哪個品牌？

安全　　有權力
美麗　　值得
負責任　有連結
聰明　　流行

如果行銷人有做好他們的工作，要讓你做出這些選擇應該很容易。

人們正在等你

他們只是還不知道。

他們正等著你表明自己有什麼優勢，那是他們只能想像卻不敢奢望得到的。

他們正等著你提供的連結，讓他們能夠看見，也能夠被看見。

他們也在等著可能性帶來的緊張感，讓他們能夠把事情變得更好。

你的自由

你有自由能夠改變故事，你可以活出不一樣的故事，依據你想要服務的人而建立起來的故事。

你有自由能改變自己如何度過一天，你可以將工作外包而鼓起勇氣去做情緒勞動，你可以冒個險去做其他人沒有做的事情。

我所認識最苦惱的行銷人都是那些視現況為理所當然的人，覺得自己身在X產業，所以就沒有自由。

於是，房地產仲介汲汲營營的找房子來賣，做的就是其他仲介在做的事。

於是，藥廠行銷製作有點通用的廣告，遊走在法律邊緣來影響醫生，而不去理解醫生他們其實有很多選擇。

於是，我們搭上了臉書的旋轉木馬，為貼文下廣告，計算有多少粉絲，並創造更多內容，希望能有人注意到。但其實，還有許多方法能夠造成影響並贏得信任。

在我們的行銷工具箱裡有很多東西都是被我們視為理所當然的，這些工具在幾十年前也被認為是高風險的發明。我們應該拋棄自己過去所建立的陳舊手法，改以更能廣泛運用的工具替代。這麼做是值得的。

變得更好的自由

冰箱普及之後，就沒有理由再繼續雇用運冰員了，不值得再為此付錢。超級市場發展起來之後，就更難合理化牛奶運送員的工作了。

我們一直在做我們所習慣的事，而如今要做出改變，我們都可以利用這股巨大轉變的力量（就在我們指尖蓄勢待發了，對吧？），運用這樣的槓桿來重新定義何謂更好。

因為我們的市場一直在等待更好的。

就以房地產仲介來說，他經常會囤積資料，如果你不雇用仲介，就幾乎對於你想尋找的物件一無所知。在今天這個世界，Zillow 網站上就刊登了一億一千萬件房屋，買房者所能獲得的資訊至少就和經紀人手上的差不多。

如果目標是要保衛現狀，要掐住這段咽喉就需要費力衝刺，你得試圖跑在發展越來越快速的科技與資訊流之前。

但是「更好的」會是什麼樣子？**不是在你，而是在顧客眼中看來？**

我們許多人都必定會經歷這樣的轉變，現在有許多工作都結成網絡、自動化、互相依賴了。在一九九四年，我需要八名工程師組成團隊，還要花幾百萬的預算才能寄發電子郵件給幾百萬人，而如今任何人只要使用 Feedblitz，每個月花九塊美元就能做到。

十年前，必須要有願意犧牲奉獻的出版團隊、發行商和行銷業務才能讓一本書賣到全國各地，現在一個聰明人只要有數位檔案就能透過亞馬遜的 Kindle 出版書籍。

我們讓「做」變得更簡單了，這正是為什麼我們需要外包一部分的工作，將所有精力集中在讓改變發生這件困難的工作。

再次提醒關於認知他人情感

我們不是假造自己的觀點、夢想和我們的恐懼，你也不是。

在政治上，長久以來都有人相信，所謂「另一邊」的人所說的都不是真心話，認為前參議員貝利・高華德（Barry Goldwater）和演員珍・芳達（Jane Fonda）只是在做秀[2]，認為無神論者的內心深處其實是相信上帝的，認為傳教者大部分都只是想表達立場，而非傳達自己真正的信仰。

同樣的道理也能應用在麥金塔電腦使用者及那些偏好 Linux 作業系統命令列的人身上，數學怪才以及那些堅持自己不會算數學的人身上。

我們都知道一個人不會真的相信自己不會算數，或者他們不可能真的支持那套瘋狂政策，又或者故意這樣吃東西的。

如果我們可以接受，人們完全相信自己所變成的樣貌，那麼與之起舞就會輕鬆得多。不是要改變他們，不是要他們承認自己錯了，就只是和他們一起共舞，擁有和他們連結的機會，將我們的故事加諸在他們之所見，將我們的信念加諸在他們之所聞。

2　譯註：美國電視製作人諾曼・李爾（Norman Lear）曾經邀請時任亞歷桑納州參議員的高華德及珍・芳達一同現身在捍衛公民自由的集會舞台上。高華德一直是保守派的代表，而珍・芳達則向來勇於為人權及女權發聲，但事實上高華德支持墮胎、尊重個人選擇的想法都更接近自由意志主義，也讓這場集會更添話題。

CHARITY : WATER RAISED A QUARTER OF A BILLION DOLLA
AND IMPACTED MORE THAN SEVEN MILLON LIVES. ANDY LEV
AND PURPLE CARROT DEVIVERED MORE THAN 400,000 VEG
MEAL KITS. HUGH MACLEOD MAKES A LIVING(AND CHANG

第 6 章

不只是賣商品

Beyond Commodities

BUILT A BILLION-DOLLAR CHAIN OF RESTAURANTS AND CHANG
THE WAY RETAURANT SERVICE WAS DONE. MICHAEK BUNG
STANIER SOLD 150,000 COPIES OF HIS SELF-PUBLISHED BOOK
COACHING. AMANDA PALMER MADE ART FOR HER 11,0
PATRONS. THE ALTMBA HAS MORE THAN 2,000 ALUMNI WHO A

問題優先

成效卓越的行銷人具有某種特質，讓他們比其他人都聰明，而這樣的人不會先從解決方法下手，而是先從我們想要服務的一群人開始，發現他們想要解決的問題以及他們想要創造的改變。

市場上存有一道鴻溝，碰巧你手上更好的版本可以讓眾人引頸企盼的改變發生，不是策略上的改變，不是四分之一吋寬的洞，甚至也不是四分之一吋寬的鑽頭。不，我們可以從情緒層面上改變某人。

我們的使命就是要創造不同，有機會為那些我們想服務的人把事情變得更好。

沒錯，你有一份使命：以人們所需要（或想要）的方式來服務，這個機會讓我們每個人能夠選擇路徑並依循，不是為了你自己的利益，而是因為這麼做會對別人帶來好處。

有用嗎？

一九〇六年，美國食物藥品監督管理局（Food and Drug Administration，FDA）的前身成立，用意在打擊使用危險原料的產品，例如貝瑞醫生的雀斑膏這種化妝品很有可能會讓你生病，而 LashLure 睫毛膏則引發十幾種眼盲症狀。民眾對這類產品的憤怒促成了政府採取行動。

大約五十年後，產品品質依然參差不齊，誰曉得你的車子什麼時候會拋錨？

今日，我們都把高品質視為理所當然了。聯邦快遞確實能夠將99％以上的包裹都準時送達，汽車不會動不動就拋錨，化妝品不會常常導致眼盲，網路瀏覽器很少當機，幾乎從來不會斷電，而且搭飛機旅行從來沒有這麼安全過。

但是，我們仍然持續談論自己的產品有多麼好，好像那是什麼詭異的例外情況。

有許多人都很擅長你所做的工作，非常擅長，或許就跟你一樣擅長。你所完成的工作以及你所擁有的技能絕對值得稱許，不過這樣還不夠。

品質，也就是符合特定標準的品質，這是必須要有的卻不再足夠。如果你還達不到品質要求，那麼這本書對你的幫助不大；如果你可以，那太好了，恭喜。現在暫時不要管那個，記住，其他人幾乎也都能做到。

你有，別人還有更好的

如果你所製作的產品也有其他人在做，如果那是我們能在Upwork、亞馬遜或阿里巴巴等購物網站買到的東西，你可有苦頭吃了。苦的是你知道如果把價格提得夠高，好讓你能為自己付出的努力賺取漂亮的回報，別人只會去別的地方買更便宜的東西。

如果只要按個按鍵就能看到一切東西的價格，我們毫不猶豫就會按下去。夏天時在海灘上賣冰淇淋很簡單，但是要提高人們的期待，連結上他們的希望與夢想，幫助他們看得更遠，那才是我們投入這行所要做的困難工作。

從現在開始，你的顧客比你還更了解你的競爭者，因此不管你為你的商品付出了多少心力，若光只是「能用」還是不夠。

「你可以選擇任何人，我們就是任何人」

假想你要在市中心找一處擦鞋攤位。

一個方法是找到你所能負擔的最佳位置，然後為任何需要把皮鞋擦亮的人擦鞋。

但這麼做有幾個問題。

第一，如果誰都能像你一樣擦鞋，那麼街上另一頭的競爭者就會搶走你一半的生意；若是他們降價，搶得更多。

第二而且更重要的是，沒有人需要把皮鞋擦亮，這是你的嚮往而不是需求。

誰會想這麼做呢？

或許那位客戶想要看起來體面，看起來就像他爸爸那樣，或者看起來像麥可·傑克遜，這麼做讓他感覺很好、更有自信、更有機會有所貢獻、感覺自己充滿力量。

或許這是為了讓某人享受有人服侍的地位感。每週一次，他能夠坐在王位上，讓一名打扮得體而恭敬的工匠努力為他打點外表。

又或許這是地位的展現，因為像他這樣的人都應該這樣做，否則他才不需要，而且不是隨便找個人擦鞋，是在這個擦鞋攤，在這個公共地點讓這位受到器重的工匠服務。

只要這位工匠決定要有所不同，這些優勢、故事和轉變都能任他使用。光只是知道這是你的顧客會告訴自己的故事，這樣還不夠，你還必須付諸行動，打開門讓這個可能性發生，並依據這個故事組織起整套體驗。就是這樣的工作能讓人們了解你的特別之處，而且這就是能讓事情變得更好的工作。

當你知道自己代表什麼，就不怕跟別人競爭

博娜黛．吉瓦寫了七、八本相當了不起的著作，為書市經常太過工業化的行銷技藝增添人性。

在《故事驅動力》（*Story Driven*）一書中她說得很明白，如果我們只是一味想要填補市場中的缺口，就注定要落入後視鏡行為的循環中。我們不過就是尚未

製造完成的商品，總是擔心著競爭對手，於是別無選擇，只能靠著匱乏性來驅動，專注在維持、或者也許能稍稍提高市占率。

另一種方法是找到你的故事，將之建立起來並實踐，找到你想要製造的改變弧線。這是為了提升成效的手段，奠基於可能性，而非匱乏性。

現在你已經選擇了觀眾，接下來你想帶他們去哪裡？

博娜黛分享了好故事能夠做到的十件事，如果你告訴自己（和其他人）的故事無法為你做到這些事情，那麼或許你得再挖深一點找出更好的故事，找到更為真實、更為有效的故事。好故事能夠：

1. 讓我們與我們對自身職業或生意的目的及遠景連結起來。
2. 讓我們記得自己如何從他處來到此地，而能夠讚頌自己的力量。
3. 讓我們更為了解自己獨特的價值，以及我們如何在市場中鶴立雞群。
4. 強化我們的核心價值。
5. 幫助我們的行動一致，並根據價值做出決定。

6. 鼓勵我們要回應顧客的需求，而非市場的反應。
7. 吸引顧客，這些人會想要支持反映或代表他們價值觀的生意。
8. 建立品牌忠誠度，並讓顧客有故事可說。
9. 吸引我們想要的那種想法接近的員工。
10. 幫助我們保持動力並一直去做我們自豪的工作。

你的故事就像釣鉤

你把釣鉤拋出去了。

一旦你說出故事，一旦你承諾自己想要幫助人們改變，要帶領他們從這裡走到那裡——那麼你就把釣鉤拋出去了。

拋出可以送達的鉤。

拋出接下來會發生什麼事的鉤。

如果只是想要為一般人做出一般的東西，也沒什麼好驚訝的；如果你所做的只是提供一個替代方案，這條路的風險比較低，要走就走，不要就拉倒。

然而，最好的行銷就是要大方且大膽的說出：「我知道有更好的選擇，請跟我來。」

案例研究：Stack Overflow 更好

如果你是程式設計師，就一定造訪過 Stack Overflow 網站。這家營利公司有超過二五〇名員工，每週有幾百萬人次造訪該網站。如果你有什麼問題，很可能在網站上某個論壇已經有答案了。

Stack Overflow 讓程式設計師省下許多時間與精力，同時也是幾千名志願者提供內容投注熱情的計畫。

創立者喬爾・史博斯基（Joel Spolsky）如何做到更好呢？

在二〇〇〇年代初期有一個程式設計的論壇叫做專家交流（Experts Exchange），其模式很簡單明瞭：他們為常見的程式設計問題提供答案，而且必須付費才能讀到答案。訂閱費用是每年三百美元。

為了要做生意，他們專攻的是匱乏之處，可以免費閱讀問題，但答案則要付費。

為了得到流量，他們騙過谷歌初期的機器人，在網路搜尋時會顯示出答案（這讓他們從搜尋引擎得到許多流量），但是人們進入網站後他們就會打亂資訊，把答案藏起來，除非人們訂閱了才能看見。

專家交流利用人們的苦惱來獲利。

喬爾和程式設計師傑夫・艾特伍（Jeff Atwood）合作一起創立Stack Overflow，他們提出了不一樣的方法：問題看得見，答案也看得見，只需做職缺廣告就能交換所有東西，畢竟這個網站上有許多優秀的程式設計師來問問題、回答問題。還有哪裡比這裡更適合尋找優秀程式設計師呢？

一路走來，喬爾發現要創造更好的產品就表示以不同的方式對待人們，述說的故事要能夠符合每位支持者的世界觀及需求。

對於匆匆忙忙的程式設計師來說，他讓尋找問題及最佳解答變得簡單，而答案又以品質排序，就不會浪費程式設計師的時間。

他知道對每一個回答問題的人來說，有幾千人都想要答案，因此他不會試圖干擾提問者，而是讓出一條路，讓他們得到自己所需要的。

但是解答者就不一樣了，他為了他們建立起社群、評等系統，還有一系列等級，讓他們可以建立起自己的名聲並獲得在社群中的權力作為回報。

針對徵才公告欄上的貼文者也不一樣，他們想要一套快速、有效率的自助式方法來找到最合適的人才，沒有強迫推銷也沒有干擾。

喬爾不想在個人化的網站上放自己的個人化標章，他的目標是服務，讓事情更有效率，述說人們想聽也必須聽的故事。

他打造了更好的事物，讓核心觀眾不僅是把話傳出去，還願意投入去做那些在局外人看來或許像是工作的事情。

更好是使用者說了算，不是你

GOOGLE 比較好。

比 Bing 更好，比雅虎更好。

怎麼個好法？

搜尋結果並沒有明顯比較好。
搜尋本身也沒有更驚人的速度。
更好的是搜尋欄位不會讓你覺得自己很笨。
雅虎在首頁上有一八三個連結，GOOGLE 只有兩個。
這表現出自信和清楚，你破壞不了。
所以這樣更好，對某些人來說是如此。
現在，DuckDuckGo 更好，因為這個搜尋引擎不屬於某家大公司，也不會追蹤你的使用紀錄，因為這不一樣。
所以這樣更好，對某些人來說是如此。

「我們還提供咖啡」

美國波士頓的三叉戟書店咖啡館（Trident Booksellers and Café）曾經因火災而短暫關閉（其實造成損害的是灑水器，不是咖啡機）。不過在這之前它一直都是美國最為活躍而成功的書店之一。

不管亞馬遜網路書店賣的東西有多便宜、規模有多大，三叉戟的生意總能做得相當好，因為他們做到亞馬遜做不到的事：**他們提供咖啡**。

如果你經營一家零售商店要跟所有網路商店競爭，「……我們還提供咖啡」這句廣告詞還不賴。

因為咖啡就是比較好。

咖啡能創造出第三空間：能夠碰面、連結、夢想的地方。

所以三叉戟其實是一家賣書的咖啡館。

我們剛剛買的書其實是一種紀念品，提醒我們今日創造了哪些個人連結。

真實而脆弱的英雄

你可能聽過這樣的典型故事：一名女性帶著全然的自我現身，包括真實的內在，準備好承受世界上不了解她的人會如何打擊她，但是等到他們知道她的力量，便會稱頌她。

這是迷思。

這是危險的迷思。

有幾次例外能夠證明這條規則，但是大致說來，真相是我們需要願意服務的人。

為了他們想要創造的改變而服務。

為了他們所關心而想要服務的人，願意述說能引起他們共鳴的故事。

其中可能有重疊，有可能你在這一刻覺得這就是正確的方法，下一刻卻又不是了，你所能提供的自己可能有好幾層不同版本，但是那不可能隨時都是全部的你。

專業人士會扮演一個角色，儘可能把工作做到最好，不管那天是什麼日子、遇到什麼病人或客戶。

美國靈魂音樂教父詹姆斯．布朗（James Brown）在舞台上雙膝跪地、筋疲力盡，還需要助手的攙扶才能起身，那是高明的舞台安排演出，而不是真實的表演，畢竟他每天晚上都這麼做。

治療師一整天耐心聆聽都能改變某人的人生，或許他真的很有耐心，但更有可能只是在做自己的工作。

星巴克的咖啡師對你微笑並祝你有順利的一天，他只是表述公司立場，而非吐露心聲。

這樣也沒關係，因為吐露心聲並不是「更好」的樣貌，要吐露心聲應該留給你的家人和最親近的朋友，不是市場。

保護自己，明天就會有人需要你。

服務

行銷作為（選擇**作為**一詞相當有趣）是在乎之人所做出的慷慨之舉。詹姆斯．布朗和治療師理解真實性在市場中只是迷思，人們想要能有人理解、有人服務，而不只是目睹你在某個時刻想要做什麼。

而當我們拿出我們最好作品的最好版本，我們的責任不是為了自己而做……是呈現給我們想要服務的人。我們將自己作品的最好版本保留給他們，不是自己。就像一位米其林三星主廚不會為自己烹調十二道菜的晚餐，你也不必（或不應該）

將自己的每一絲不安全感、最深處的恐懼和迫切的需求帶給我們。

你在這裡是為了服務。

真誠vs.情緒勞動

情緒勞動指的是去做我們不想做的工作，代表我們臉上掛著微笑時心裡卻皺著眉，或者是壓抑著想怒斥某人的衝動，因為你知道跟他合作會大有好處。

要表現真誠並不需花太多力氣與膽量，你只要有足夠的自信表現出真實的感覺，知道如果你遭到拒絕，這是個人問題。

不過其中也牽涉到許多閃避，也就是躲著能讓改變發生的重要工作。如果你就只是跟隨著（自以為是的）繆思，可能會發現這位繆思只是一隻雞，並且帶著你遠離了重要的工作，而如果真實的你是個自私的混蛋，請把他留在家裡。

如果你需要表現真誠才能拿出最好的作品，你就不是專業人士，只是個幸運的門外漢。你很幸運，因為你的演出就是成為你在當下想要成為的那個人，而這麼做還真的能推你一把。

對我們其他人來說，成為專業人士的機會就在那裡，要運用情緒勞動來尋找同理心，用這份同理心來想像其他人會想要什麼，他們可能相信什麼，什麼樣的故事能引起他們的共鳴。

我們做這樣的工作不是因為當下想要這麼做，我們做這樣的工作，這樣耗費心神的情緒勞動，是因為我們是專業人士，也因為我們想讓改變發生。

情緒勞動就是我們提供服務所要做的工作。

是誰在說話？

當你收到某家不知名企業的電子郵件，郵件中以第二人稱敘述，某人就隱身在後面，話說得很好聽，但不是真的。我們感受不到連結，只是某個官僚的影子。

但是，如果有人付出情緒勞動，負起責任說：「來，這是我做的。」那麼這個人就打開了門，願意與人連結、願意成長。

成效最好的組織並不一定都有知名的領袖，或者每封電子郵件上都有他的簽名，但是他們表現出確有其事的樣子。

「來，這是我做的。」

目標不是將這份工作個人化，而是讓顧客覺得這是特別為他做的。

第 7 章

夢想與渴望的畫布

The Canvas of Dreams and Desires

談到把工作做好，你在學校以及工作中所學到的一切都是在教你達到標準，完成交付的任務，成績拿 A，為了某個特定的產業目的去做特定的事。

「你是做什麼的？」這個問題問的是任務，是一種可衡量、可用金錢買到的東西。

例如美國政府的這項職缺描述：

縫紉機操作員。等級：六

架設並操作各種家用及工業類型電力發動之縫紉機器，以及相關的特定用途機器，例如扣眼、疏縫及曲腕縫紉機……

在不逾越口頭或書面指示說明，以及普遍接受的方法、技巧及工序的條件下，能夠獨立判斷並做決定。能夠持續處理重達五公斤（十磅）的物品，有時物品重量可能高達九公斤（二十磅）。工作環境中經常有適當照明、溫度及新鮮空氣，有可能割傷及瘀傷。

雖然這是工作內容的描述，敘說的卻不是夢想或渴望。雖然寫得很明確，卻很容易修改成別種職缺而無須更動條件。

金錢的運作也是如此。二十元美元鈔票沒什麼意義，有意義的是你拿著鈔票能買到的東西，才值得我們為它工作。

你自己的產品或服務也是同樣的道理。你或許會說你所提供的只是個小東西，別相信這種話，如果你行銷的是改變，你所提供的是一種新的情緒狀態，讓你的顧客能夠離他們的夢想和渴望更近一步，這可不是小東西。

我們賣的是感覺、地位和連結，不是任務或東西。

人們想要什麼？

如果你直接問他們，大概不會得到你想要的，更不會有所突破。我們的工作是觀察人們，理解他們的夢想是什麼，然後創造出能夠提供那種感覺的交易。

人們並沒有發明福特 T 型車、智慧手機或饒舌，人們也沒有發明捷藍航空（JetBlue）、城市烘焙坊（City Bakery）或水慈善（charity: water）。

群眾募資是一回事，但是群眾並不是那麼擅長突破性發明。

我們許多人經常會卡在三種常見的困惑中。

第一是**人們會搞混想要和需要**。我們需要的是空氣、水、健康以及頭上有屋頂遮蔽，除此之外的一切差不多都是想要的東西，如果我們的命夠好，就有權利決定那些我們想要的其他東西其實也是必需品。

第二是人們相當清楚自己想要什麼（而他們認為那是需要），但是**他們超級不擅長發明新方法來解決那些想望**，通常他們喜歡用自己熟悉的解決方法來滿足想望，就算效果不彰也沒關係。該提出創新的時候，他們就卡住了。

第三是**誤信每個人都想要一樣的東西**。其實並不是，最早接納新事物的人想要新的東西，而步調緩慢的人則希望事物永遠不要變。一部分的人想要巧克力，另一部分則想要香草。

創新的行銷者會發明新方法來處理舊情緒

地球上的七十億人各自都是獨特的個體，每個人都有屬於自己的想望、需要、痛苦和喜樂，而在許多方面看來我們都是一樣的。我們有共同的一籮筐夢想和渴望，每個人的分配比例都不同，但是有相當程度的重疊。

以下是清單，也就是基本的清單，我們每個人要表達夢想和恐懼時就會從這些共同的字彙中選擇：

冒險
感情
避免新事物
創造力
喜悅
表達自由
移動自由
友誼
長相漂亮
健康

歸屬感
社群
控制
運動
權力
保證
可靠性
尊重
復仇
浪漫

學習新事物
奢華
懷舊
順從
參與感
心靈平靜

安全
安定
性愛
力量
同情心
緊張

你大概還可以再加十個，不過不可能加到五十個。這一籮筐核心的夢想和渴望代表行銷人就像藝術家一樣，並不需要許多色彩就能畫出一幅原創的傑作。

我們就要從這裡著手：態度明確，我們要明確知道我們的觀眾，也就是我們需要服務的人想要什麼、需要什麼；我們要明確知道他們醒來時心裡在想什麼，沒人在偷聽時他們會談什麼，結束一整天忙碌後會記得什麼。

然後我們要確定我們的故事和承諾能夠與他們的想望和慾望互動，某人遇見我們的時候，是否會看到我們所看到的？是否會想要我們認為他們想要的？他們會採取行動嗎？

不要從你的機器、庫存或策略著手；不要從你所知道如何做事或者從你的任務上分心著手，要從夢想和恐懼著手，從情緒狀態以及你的顧客所尋求的改變著手。

沒有人需要你的產品

當你說「人們需要白色皮夾」是沒什麼道理的，因為：

1. 人們不需要皮夾，他們可能**想要**，但那不一樣。
2. 人們可能會決定他們想要白色皮夾，但是他們想要不是因為這是白色或這是皮製的，他們想要白色皮夾是因為這樣東西會帶給他們特殊感受。那才是他們要購買的東西：一種感覺，而不是皮夾。在你花時間做出皮夾之前，先找出那種感覺。

行銷人會創造改變，我們改變人們的情緒狀態，帶領人們踏上旅程，我們幫助他們成為自己夢想中的模樣，一次改變一點點。

沒人喜歡打電話給不動產仲介

真的不太喜歡。不管不動產仲介希望怎麼樣，彼此的互動通常不是很開心。

他們很害怕。

緊張。

鬆了一口氣。

急著想繼續進行。

對搬家感到焦慮。

對金錢感到有壓力。

想著自己得到或失去的地位。

擔心未來。

擔心他們的小孩。

不動產仲介是他們邁向未來道路的減速丘，而他們所說的話大部分都沒什麼意義，語帶保留，反正要花的錢都一樣。

根據美國房地產經紀人協會（National Association of Realtors）提供給我的數據，有超過八成的人在雇用經紀人時都是選擇第一個回覆他們電話的人。

既然如此，如果有位不動產經紀人想尋求**更好的**，我就會問：你選擇如何現身在世人眼前？你要如何保證、安撫？你會不會四處刺探、搜索？你會說自己更好、更快、更在乎嗎？

正如同沒有人需要鑽頭，也沒有人需要不動產仲介。他們需要而想要的是仲介為他們帶來的東西之後產生什麼感覺。

（同樣的道理也適用於服務生、禮車司機，或許還有你……）

就像不動產仲介一樣，我們大部分的人默默交流著情緒時，才是在做我們最重要的工作，交易商品時則不是。

憤怒熊在哪裡？

如果某人的行為不如你所預期，那就查查看他們到底在害怕什麼。

如果你覺得自己就快被灰熊吃掉了，恐怕很難再夢想著什麼事情，就算（尤其是）這一切都只在你腦海中發生。

你想要什麼？

讓我猜，你想要受人尊重、成功、獨立、適當的忙碌程度，或許還有一點名氣。你想要做讓你自豪的工作，並且為了你所關心的人而做。

清單上缺少什麼？你需要擁有某個顏色的車輛、你得把產品包裝成六吋寬，而非七吋寬來銷售、你想要所有顧客的名字都至少有六個字母。

其實細節不是那麼重要，就像你的顧客只是想改變情緒狀態，從恐懼變成歸屬感，你也一樣。

這就給你留下很大一塊空間，讓你有許多能自由發揮的地方。

依循幾項商業的現實法則行事也有幫助。如果你想要獨立自主，或許就需要擁有資產，或者要有名望；如果你想要經濟無虞，或許就需要向對的人傳達足夠的價值，讓他們甘心為你付帳；如果你想要以自己的工作為榮，或許就得避免向下競爭，並在一路上摧毀文化。

不過在這樣的框架當中還有許多空間，有空間能讓你深掘並決定你想要創造什麼樣的改變，以及你如何尋求為人（為誰）服務。

這時侯或許很適合你回頭去做優勢練習，再找出幾個新坐標軸、新啟發、新的承諾。找到值得你服務的人，然後找到值得創造的改變。

測試是一定要的

人們很容易就會想為所有人製造了無新意的產品或服務。選擇了無新意是因為不改變才不會受到批評，符合一般標準又不會讓人緊張。為所有人服務，因為如果所有人都開心，那麼就沒有人不開心。

問題是，如果人們都樂於接受了無新意的東西，這樣的市場只會靜止不動，大家不會再尋找更好的。

新穎的和了無新意的事物要同時存在並不容易，所以拿到了無新意東西就很快樂的人不會尋找你，事實上還會刻意躲開你。

越來越快的循環讓我們一直在測試新想法，藉以抗拒創造無聊，我們的動力來自那些充滿好奇、不滿或感到厭煩的人，這也是我們所能服務的人，其他人都會選擇跳過而不想注意我們。

好消息是業界發生兩件特別了不起的事情，大大改變了每樣東西賣給每個人的方式：

1. 現在要製造產品打樣或限量商品變得更便宜也更快速，對非營利組織而言是如此，對製造商或服務業也是如此。
2. 現在要找到最早接納新產品的人，要連絡上那些想要了解你的人，變得更便宜也更快速。

這表示我們每個人都必須表現出明確的態度，描繪出承諾，並選擇你的極限，找到你想要改變的人，並帶著你所能提供的東西現身。

如果你想，你可以稱之為測試。

但這是真實的人生。

這是參與可能性的真實人生，也是能夠與想要創造改變的人共事的真實人生。

要不斷尋找、連結、解決、明確、相信、看見，而且沒錯，還有測試。

另一種解讀的方法是：**總是在犯錯**。

好吧，不總是如此。有時候你會是對的，但大部分時間你都會犯錯。那也沒關係。

收集剪貼簿

如果從草稿階段就出錯將非常耗費心力，激進的原創性並不表示是高報酬投資，反而這會讓你筋疲力盡。

收集剪貼簿可能是另一種有效的方法。

在設計網站的時候，或者電子郵件廣告，或者是新產品，你都可以收集剪貼簿。

找到那些你認為與你連結的人會受到吸引並信任的東西，字體、價格、促銷專案、圖片、介面……把這些剪下來，拆解出其中無法再分割的原始賣點，然後在這些組件上重新建立起新東西。

在你要組件自己的網站、廣播節目或新專案時，都可以這樣進行。找到對你和你的觀眾而言最重要的必要指標（最極端的狀況），然後重新組合成新的東西。

如果你必須收取十倍價格

一次收費三十美元的按摩和一次收費三百美元的按摩差別在哪裡？是什麼讓一本書價值兩百美元？或者讓一間飯店房間價值一千五百美元？是什麼會讓某人捐五百美元、而非五十美元給慈善團體？

「都差不多吧？」

答錯了。為了要大幅增加你的觀眾群或者你所收取的價格，你所要做的不只是投入更多工時或打擾更多人。

我們不會多付出十倍的時間來得到更多文字、更大分量的薯條，或更大聲的立體音響。

而是不一樣的極端狀況、不同的故事、不同的稀有。

無法抗拒代表不簡單或不理性

費歐娜的店門外常常大排長龍。

這不意外，她的冰淇淋非常好吃，分量又大，甜筒冰淇淋要價不到三元加幣（約八十元台幣），而且店員的臉上總是掛著微笑，幾乎是咧著嘴笑了。

讓人無法抗拒。

當然，在你吃完甜筒之後，你會四處閒逛，在水邊逗留，或許還會開始計劃明年的一週假期要在哪裡度過。

歐比尼空是在加拿大渥太華附近一處可愛的小渡假村，他們賣的甜筒冰淇淋收費可以比別人貴上許多。讓一組工商管理碩士來做市場分析及盈虧報告，大概會將價格訂在八美元，這是所能得到的最高報酬投資。

但歐比尼空不是在賣甜筒冰淇淋的，**甜筒冰淇淋是一種象徵、指標，這是連結的機會**。

如果你用損益平衡表來管理一切，最後可能會得出一份理性的計畫，但是理性的計畫並不能創造活力、魔法或回憶。

史都雷納（Stew Leonard's）是一家分布極廣的小型超市，由湯姆．彼得斯（Tom Peters）負責規劃，在同類型商店中的每平方英尺銷售成績是最高的。史都提供的是一種體驗，幾乎就像遊樂園一樣，有傑出的顧客服務、聰明的銷售，以及各種有趣的產品可供選擇。隨著公司又多拓展了幾家分店，新一代的店主接手了，他們似乎更想要短期收益，而較不注重魔法。利潤成長了一段時間，但是隨著一年年過去，現在店裡沒那麼擁擠了，活力少了一點，也沒那麼有趣了。於是，附近開一家新店時，他們又失去一些顧客，然後又失去一些，到最後，人們開始會想：「為什麼我以前會想要去那裡啊？」

或許問題不在價錢便不便宜。要定義何謂「更好」相當棘手，但是毫無疑問的是，讓顧客無法抵抗的不理性追求，才是企業蓬勃發展的核心。

第 8 章

更多特定受眾：尋找最小可行市場

More of the Who: Seeking the Smallest Viable Market

良性循環和網絡效應

每位非常好的客人都會再帶一位客人給你。

沒有後續發展的顧客不值得你花心思，這類顧客保持沉默，心懷嫉妒，認為你是屬於他們自己的私藏……你走進死巷裡就無法有更多發展。

你的最佳顧客會成為你的新推銷員。

只要做出口碑，你想要改變的文化就會開始盛行，不過如果你想讓口碑傳播出去，就必須建立起傳播出去時能運作得更好的東西。

這樣就能創造出你所尋求的正向循環，也是能夠讓改變發生的循環。

高效的卓越方法來自設計

傳真機很了不起，它能夠普及並不是靠聰明的廣告行銷，而是因為使用者想要談論它。

為什麼？

因為如果你的同事也有傳真機，傳真機就會更好用。

羅伯特・梅特卡夫（Robert Metcalfe）在發明乙太網路時就發現了這點。3Com 公司原本提供的產品能夠容許三名使用者的電腦互相連結，並共用一台印表機。這只是額外的邊際效益，不值一提。

一旦使用者開始分享數據，一切就都不一樣了。如今，你若不上線就是離線，只能二選一，如果你孤立而離開網絡，那感覺會很痛苦。只要有更多人加入網絡，就會有更多人談論網絡，那會讓孤立顯得更加痛苦。

在梅特卡夫定律背後的原始投影片上只有兩條線，直線表示在網絡中每多加入一個人的成本

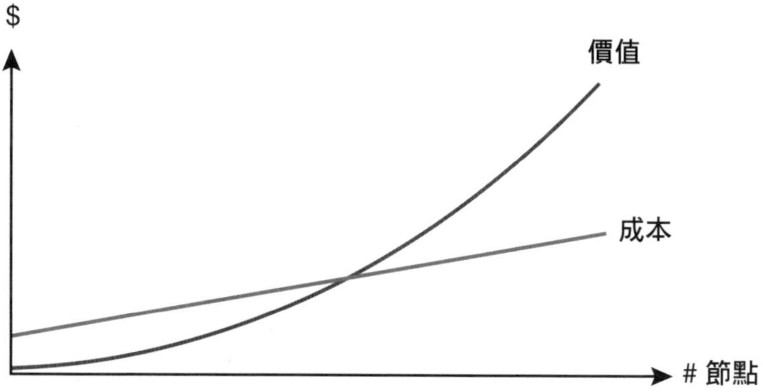

會緩緩上升，曲線表示在網絡中每多加入一個人的價值卻是以指數率成長。

這個簡單的網絡效應就存在於每次群眾行動，以及每次成功的文化改革的核心。只要你設計的改變故事夠優秀，就能發生這種效應，更重要的是，當你與其他人共享效應，讓產品或服務運作得更好，也會發生這種效應。

我想和同儕進行對話的動機，變成了推動成長的引擎，成長能創造更多價值，又會帶來更多成長。

「然後奇蹟發生了」

讓我老實告訴你集客力是怎麼回事——奇蹟不會自動發生。

傳統行銷人的美夢總圍繞著要改造一項產品，將一個正常、平庸、「還可以」的產品或服務……也就是那個一直待在原地，沒發生過什麼事的產品，將之改造為熱銷品。

他們夢想著透過公關，透過炒作，透過促銷，透過散播，透過買廣告，透過影響力行銷，透過內容行銷，再透過一點點廣告郵件……夢想著產品就會成為

「夯」品，每個人都想要。他們以為產品會受到歡迎正是因為它很受歡迎。

但是你可別上當。

當然，三不五時就會出現一位超級巨星，但是大部分時間，這種方法只會導致失敗，而且是昂貴的失敗。

另外一種方法是尋求路徑，而非奇蹟。

這條路徑就從集客力開始。

我想多了解一些你那間創投公司投資的矽谷新創公司：除了總部的人以外，有多少人會每天使用你的產品？他們多常寄信給你建議，讓產品變得更好？

另外，我還想知道：有多少人堅持他們的朋友和同事也使用你的產品？我是說現在。

他們喜愛這項產品嗎？他們是不是因為愛你也更愛自己了呢？

關於你剛開的餐廳：有多少人每天晚上都會回來用餐，每一次還都會帶新朋友來呢？

或者是關於在農夫市集的攤位、關於你創立的非營利組織、關於你的本地保姆服務。

如果你的產品消失了，有誰會想念？

如果你連小規模都做不好，為什麼相信擴大規模會可行呢？

一千名真正的粉絲

二〇〇八年，《連線》雜誌（*Wired*）的創始編輯凱文．凱利（Kevin Kelly）寫了一篇文章，描述關於最小可行市場的簡單事實。

對於擁有智慧財產的獨立創作者（也許是歌手或者作家）來說，只需要一千個真正的粉絲，或許就足以讓他們過著比體面更優渥的生活。

引用凱文的話來說：「所謂真正的粉絲，就是會購買你所創造的所有東西，這些鐵粉願意開兩百英里的車來看你唱歌；會購買你書籍的精裝版、平裝版以及有聲書；你推出了新一代公仔，就算還沒看到實體也一樣會買；會付錢買你的免費YouTube頻道『精選集』DVD；一個月光顧一次你的主廚餐桌。只要你大概擁有一千個像這樣的真正粉絲（超級粉絲），你就能安心度日，只要你能夠滿足於安逸生活而非致富。」

這一千人會在 Patreon 募資平台上支持你，或當你在 Kickstarter 募資平台推出新專案的那天會有一千人購買，也就是說，有一千人不只喜歡你的作品，還會向身邊的人推薦你的東西。

對於大多數想要造成影響力的人來說，最困難的不是贏得大眾市場，而是小眾，他們會把自己掰成蝴蝶餅的形狀來取悅不知名的大眾，然後才會有五十或一百個人在他們消失後想念他們。

也許夢想自己會成為像是卡達夏一家人的網紅，能讓人感到些許安慰，但其實只要能夠影響少數人，反而更有生產力。

《漢彌爾頓》又怎麼說？

《漢彌爾頓》音樂劇的爆紅能夠支持這套理論，它的爆紅不只代表了一位創作者打破現狀的限制，還證明一個神奇的故事，也就是單次的努力和藝術就能改變一切。

只是。

只是，《漢彌爾頓》有一年多的時間在晚場的表演只有幾百人去看。

只是，就算是這齣音樂劇在紐約火力全開的時候，打破了百老匯的紀錄，也只有幾千人看過。

只是，雖然這齣音樂劇正在改變芝加哥這些城市裡一小部分的文化，但是全美國還只有不到1％的人口看過，它暢銷的原聲帶專輯也只賣了幾十萬張，幕後直擊的全紀錄書雖然也是意外的暢銷書，但差不多也只能賣這麼多。

我們口中的爆紅已經不再是爆紅了，不像過去那樣，它只能對某些人有意義，其他人則視而不見。

傑瑞會怎麼做？

我經常說死之華樂團（Grateful Dead）的故事，但是幾乎沒有人有那個膽量願意投入這樣的服務，引領這樣的連結。我第一次寫到他們的故事是在十年前，但是在我們當中還是有太多人落入陷阱，只顧著尋找有可能成為業界前四十名的東西。

到目前為止，我一共買了二三三種死之華樂團的唱片，加起來超過五百小時的音樂。在解釋最小可行市場時這股行銷力量再完美不過，值得花幾分鐘來拆解他們的作為以及方法，因為這樣能夠讓我們知道自己為什麼踏上了這段漫長而奇怪的旅程。

雖然這類例子已經耳熟能詳，音樂家、出版人、健身房老闆、顧問、主廚和教師似乎都忘了，從死之華樂團想爆紅的失敗過程中，核心教訓是什麼。

首先，很少有小孩從小就希望長大要組一個像死之華的樂團，死之華樂團曾經進入排行榜前四十名的單曲就只有堂堂一首。一首。

人們很容易就會以為他們是什麼奇怪的嬉皮樂團而忽略他們，他們有粉絲，是真正的粉絲，這些粉絲也很容易讓人誤會成是奇怪的嬉皮而遭到忽略。

但是……

但是死之華樂團在創團主唱傑瑞．賈西亞（Jerry Garcia）在世時，總營收超過三億五千萬美元，而在他死後又增加了一億美元，我甚至還沒把唱片銷售算進去，這只是演唱會門票，在大部分舉行演唱會的時候，門票價格平均只有二十三美元。

怎麼可能？因為真正的粉絲會出現，因為真正的粉絲會散播口碑，因為真正的粉絲想要與偶像連結的需求永遠不會完全滿足。

以下是死之華樂團成功行銷的關鍵元素：

- 他們吸引相對很少數的群眾，並將所有精力放在這些人身上。
- 他們不會利用廣播來對大眾傳播自己的理念，而是倚賴粉絲把話傳出去，一手傳一手，鼓勵他們拍攝記錄樂團的表演。
- 他們並不希望能鼓勵一大群人出一點點錢來支持他們，而是倚賴一小群真正的粉絲出很多錢支持他們。
- 他們選擇 X Y 坐標軸上的極端（現場演出 vs. 修飾過的唱片、粉絲家族能夠長久傳唱的金曲 vs. 廣播上的短期熱門單曲），並做到最好。
- 他們讓粉絲有很多能夠談論的話題、能夠支持的信念，無論是圈內人或圈外人皆然。

他們需要三樣東西才能做到這一切：

- 非凡的才華。一年裡要辦一四六場演唱會，你可不能就這麼一路裝蒜下去。
- 無比的耐心。有些人認為一九七二年是樂團發展達到巔峰的一年，在某場演出中只有五千人參加，死之華樂團花了超過十年的時間，才擁有「一夜成名」的成功。
- 表現古怪的勇氣。看著活屍樂團（the Zombies）、大門樂團（the Doors），甚至連烏龜樂團（the Turtles）賣的唱片都比他們還多，這不可能是件容易的事。至少有一陣子是如此。

一九七二年，因為他們的頑固、大方和幸運，一次意外讓他們擁有了驚人的成功。但是在今日，在大多數產業中（包括音樂產業），這樣的成功並非偶然，這是通往成功的最佳途徑，在許多方面來說，報酬也是最高的。

泰勒絲不是你的榜樣

看看史考特・波契塔（Scott Borchetta）。他經營著大機器唱片（Big Machine Records），擁有超過兩百張冠軍單曲，這樣的總數讓人望而欣嘆，心嚮往之，他是世界級的行銷人。

他為流行天后泰勒絲（Taylor Swift）賣了超過三億張唱片，而泰勒絲的巡迴演唱會收益差不多就和死之華樂團的一樣高。

泰勒絲和史考特是爆紅機器。

大多數行銷人都需要某人成為爆紅機器，而對現在的音樂界來說就是他們了。我們將會發現，每張分布圖上長長的尾巴都會有一段短短的頭，那裡就是爆紅的所在地。爆紅對我們的文化有個實用目的，但是最應該記得的重點是：某人會爆紅，可能不會是你。

如果你能找到一本遊戲說明書教你如何成為爆紅機器，成為經常引領大眾風潮的人，能夠改變市場的中間值，那就去做吧！

對我們其他人來說還有另一條路：創造連結、同理心和改變的路。

所有評論者都是對的（所有評論者都是錯的）

不喜歡你作品的評論者是對的，他不喜歡你的作品，這沒什麼好爭辯的。

但評論者說沒有人會喜歡你的作品，這就說錯了。畢竟你就喜歡你的作品，別人或許也會喜歡。

只有這樣才能理解在亞馬遜網路書店上的每一本暢銷書為什麼會同時有一星及五星評論，一本書怎麼可能兩種皆有呢？要嘛是本好書，要嘛就不是。不是這樣。

《哈利波特與神祕的魔法石》所收到的兩萬一千則評論中，其中有12%是一星或二星，說得更清楚一點：在一百名讀者當中，有十二名說這是他們所讀過最爛的其中一本書。

這樣的雙峰分布讓我們知道，每一本暢銷書至少都會跟兩種觀眾群互動，一群是他們想要的觀眾，也就是這些人的夢想、信念與想望都能完美與這件作品契合；另外一群則是意外的觀眾，這些人不喜歡、討厭這件作品，而且與其他人分享這種想法，他們能藉此獲得更多滿足。

這兩種人都是對的。

但是他們都不是特別有用。

如果我們想要得到回饋，就是在做一件勇敢而愚蠢的事。我們在求別人證明我們錯了，讓別人說：「你以為自己做了什麼了不起的事，並沒有。」

好痛。

如果我們轉而尋求建議呢？

尋求的方式像這樣：「我做了一件我喜歡的東西，覺得你也會喜歡。我的表現如何？你有什麼樣的建議，幫助我讓這件東西更加符合你的世界觀？」

那不是批評，也不是回饋。那種有幫助的建議能讓人更加了解與你來往的這個人，幫助我們看見他們的恐懼、夢想和想望，這就是個線索，能夠讓我們下一次更加接近目標。

許多人都能告訴你，你的工作帶給他們什麼感受。我們相當親密的了解自己腦中的噪音，而那股噪音表現出的方式經常是相當個人及特定的批評。

但是那種批評可能不是因為你，可能也不實用。

或許你聽到的是某人的恐懼，或者是他們對於信心不足或不公平的想法。人們在分享自己的負面故事時，通常是想要拓展其回應並普及化，談論著「沒有人」或「每個人」會有什麼感覺，但其實你聽到的是在某個特定時刻，某個特定作品所觸動的某個痛處。

這個人給某本書留下一星評論，可能因為這本書送達得太晚而錯過了新生寶寶慶祝會；或者，顧客會生氣是因為她在婚禮上花的錢已經超過了預算。這些評論可不像是某人給予實用的建議，告訴你在未來如何與和他們一樣的人合作。

我們值得花一點心力將自己與不加修飾的抓狂情緒之間隔離開來，想辦法套出有實際用處的指引。

為什麼人們不選你？

再來一個困難的練習，這次練習會伸展到典型行銷人的同理心肌肉：

那些不跟你買東西的人、那些不接你電話的人、那些譏笑你創新的人、那些就算知道你的存在還是開開心心跟你的競爭對手買東西的人……那些人……

他們為什麼是對的？

為什麼那些不選你的人，決定不選你是對的？

如果你很努力工作，很容易就會想要貶低那些批評，質疑他們的價值，認為這些傢伙什麼都不知道，自私自利，或者根本就腦袋進水。

先將這些想法擱置一旁，找到同理心來填空這句話：「對於那些想要你所想要的人（＿＿），以及相信你所相信的人（＿＿），你所選擇的＿＿完全正確。」

因為確實如此。

人們相當有可能會根據自己所看見的、所相信的以及所想要的，而做了非常理性的決定。

如果你是職涯諮商師，那麼就解釋一下為什麼那些不雇用諮商師的人做了聰明的決定？或者解釋一下，為什麼人們雇用其他人來指導他們，這麼做對他們而言是有道理的？

多年前我去上了一堂烹飪課，是我朋友送給我當禮物的。主廚教大家如何用小牛肉絞肉來做菜，「有問題嗎？」他問。有位同學冒冒失失舉手發問：「這道菜可以改用火雞肉絞肉來做嗎？」

主廚說話的口音很重，冷笑著說：「可以……如果你想讓這道菜嚐起來像土一樣。」

當然，他們兩人都是對的。

對學生來說，選擇火雞肉而不是小牛肉，可能關係到是否容易取得，對健康的好處或者道德準則，這可能表示他更在乎故事，而比較不關心是否能做出主廚課程所提供的味道。對老師來說，這道菜的普魯斯特意識流回憶就代表了一切，用其他肉類來取代就是不尊敬他對自己作品所投入的心力。

在這個案例中，那就是「對的」所代表的意思。依據他們是誰、想要什麼、知道什麼，每個人都是對的。每一次。

如果我們能找到同理心而說：「對不起，這不是為你做的，這裡是我競爭對手的電話號碼。」我們就能擁有自由，能夠去做重要的工作。

第 9 章

像我們這樣的人會這樣做

People Like Us Do Things Like This

深層改變很困難卻很值得

正如我們前面所見，每個組織、每項計畫、每次互動的存在都是為了要做一件事：讓改變發生。

做成一筆交易，改變一項政策，療癒這個世界。

身為行銷人、身為改變的策動者，我們幾乎都會高估自己讓改變發生的能力，原因很簡單。

每個人都依照自己內在的敘事去行動。

你無法逼某人去做他們不想做的事，大多數情況下，人們為了強化自己的內在敘事才會採取行動（或不採取行動）。

那麼，真正的問題是，內在敘事是從哪裡來的？要如何改變？或者，更有可能的是，我們要如何運用內在敘事來改變人們所採取的行動？

有些人的內在敘事會讓他們更願意改變行為（例如美國音樂人昆西．瓊斯〔Quincy Jones〕就喜歡很多種音樂），而有些人則會在一開始堅決抵抗。

不過對大多數人來說，會因為**想要融入的慾望**（我們這樣的人會這樣做）以及對**自身地位的認知**（關係和控制）改變我們的行為，也因為這兩種動力通常會敦促我們保持現狀，真要改變就需要一點張力。

只要你發現這些驅動力開始運作，就能夠以全新的方式在其間尋找方向，感覺就像有人開燈，給你一張地圖。

像我們這樣的人（會這樣做）

你吃過蟋蟀嗎？先別管酥脆的、整隻昆蟲原形的食物，連蟋蟀粉也沒吃過嗎？在世界上許多地方，蟋蟀是很好的蛋白質來源。

那麼牛肉呢？就算這是全球暖化中最容易被提到的罪魁禍首，就算要用牛肉餵飽全世界真的很沒效率，應該還是可以很放心的說，大多數在讀這本書的人在上禮拜某天的午餐或晚餐吃過牛肉。

如果不是基因問題，如果不是我們生來就對蟋蟀和牛肉有了先決感受，如果沒有清楚的理性原因來解釋該吃這個或那個，為什麼蟋蟀會讓我們覺得噁心，牛肉卻會讓我們感到飢餓（或反之亦然）？

因為像我們這樣的人會吃這樣的東西。

對我們大多數人而言，從有記憶的第一天到呼吸停止的最後一天，我們的行動主要受到一個問題而驅動：「像我這樣的人會這樣做嗎？」

像我這樣的人不會逃漏稅。

像我這樣的人會擁有一輛車；我們不搭公車。

像我這樣的人有全職工作。

像我這樣的人想看新的〇〇七電影。

就算我們採取了邊緣人的行為，也就是做了群眾通常不會做的事，我們仍然想讓自己的行為符合邊緣人的行為。

沒有人對自己身邊所發生的一切事一無所知、毫不在乎，也沒有人在各個面向都是完全原創、自導自演而孤立的。反社會人格者或許會做出違反群眾的事，但他們並非不知道群眾的存在。

我們不能改變整個文化，但是每個人都有機會能改變一部分文化，也就是存在我們口袋裡的小小世界。

最小可行市場之所以有道理，是因為這樣能夠將你改變文化的機會放到最大。你的市場核心因你想要創造的改變而變得豐富、互相連結，會活絡起來而向下一層市場傳播口碑，就這樣一層層下去。這就是**我們這樣的人**。

案例研究：藍帶學校

我居住的小鎮出了個問題，雖然有相當傑出的學校（我們的小學贏得了全國藍帶學校指名），在接下來的預算投票中卻出現兩派不同意見。

鎮上有許多人，尤其是長年居住的居民和第二或第三代家庭，都不贊成提高教育稅，有些人組織起來，而且在我記憶中這是第一次學校的預算投票案未能通過。

在紐約州，教育稅可以有第二次投票，但如果第二次也沒通過，那麼明文規定的刪減可是相當嚴厲，許多必要的課程在未經過深思熟慮的優先排序就會被刪掉。距離下一次投票只剩下八天，有什麼可以做的呢？

幾名積極分子決定嘗試新的方法。他們不再大聲疾呼要支持預算案，也不再發傳單或舉行集會，而是在中學門前的大樹上綁了一百條藍絲帶，就在鎮中心。

幾天之內這個點子就傳了開來，在投票前一週，整個鎮上幾十棵樹上都飄揚著藍絲帶，有十幾個家庭綁了幾千條藍絲帶。

這個訊息很簡單：像我們這樣的人，我們這些鎮上的人，就是在這個藍絲帶學區中的人，支持我們的學校。

結果預算案以二比一通過。

內在敘事

我們不是在一無所有的狀態下做決定，而是會根據我們對追隨者的認知，因此我們會花七百美元買嬰兒推車，這是因為我們聰明（或者我們不會買，因為這樣很蠢）。

或者我們會在住家附近的農夫市集買東西（或者不會，因為在下雨，而且他們沒有賣奇多起司棒）。

我們會在足球場外頭騷擾電視女記者（然後丟掉工作），因為我們看到自己人都是這麼做的。

或者我們會穿著螢光粉紅色襯衫、黃色長褲、不穿襪子，因為我們告訴自己這樣穿很舒服（但主要是因為我們想像這是自己看起來最成功的樣子）。

這一切都立基於一個簡單的問題：「像我這樣的人會這樣做嗎？」

常規化會創造出一種文化，而文化能驅動我們的選擇，進而促進更強的常規化。

行銷人不會為了一般人做出一般的東西，而是創造改變，要創造改變就是要將新的行為常規化。

定義何為「我們」

在先前的世代裡，大眾媒體努力將「我們」定義為「我們所有人」，做為一個群體、所有美國人，乃至於全世界的人。我們所有人從來沒有完全成功過，因為種族歧視、排外主義和孤立的人很樂意劃定界線，隔開沒有「我們所有人」的地方。

不過已經很接近了。「我想要教全世界唱歌」，整個世界的商業化來得比大多數人預期得還要更快、影響更深。我們（大多數人）都看過強尼・卡森（Johnny Carson）主持的《今夜秀》，我們（大多數人）都穿過牛仔褲，而我們（大多數人）也上過學。至少這個「所有人」已經向外觸及我們想要看到的人數。

但是時至今日，流行文化並不如過去那樣流行，《廣告狂人》（*Mad Men*）只播出一季就讓《紐約時報》寫了十幾篇文章吹捧，但是全美只有1%的人口會固定收看。流行文化的現象諸如可頌甜甜圈（cronut），或者小鎮嘉年華上的油炸奧利奧，或者是潮流餐廳中的無人工添加夾心派，如果你願意四捨五入一下，這些現象基本上什麼口碑都沒傳出去。

我們已經從我們所有人就是每一個人，演變成我們所有人就是**沒有人**。

但是沒關係，因為文化、媒體和改變的分布長尾已經不再需要每一個人了，只要有**足夠的人**便很好。

哪個我們？

在「我們這樣的人會做這樣的事」中，「我們」很重要。這個「我們」越是確切，連結越強，關係越緊密，就會越好。

行銷人、領袖和主辦人必須要做的第一件工作很簡單：定義「我們」。

當你說「我們這樣的人就會捐款給像這樣的慈善機構」，顯然不是說給每個人聽的，不是每個人都會捐錢給你的慈善機構，那麼誰會呢？

正確答案是並非「捐款的人就是像我們這樣的人」，相反的是，我們必須要更勇敢、更清楚表達、更願意採取行動，不只是要接觸市場而且要改變市場，改變市場中的期望，最重要的是改變市場眾人會選擇彼此告知及展現什麼。

同樣的運算公式也能套用在你要對你的公司提出新點子時的內部會議上，或者你在進行的企業對企業業務拜訪上，又或者是你希望能改變自己指導的足球隊文化的時候。

就從我們開始。

不應該稱之為「文化」

應該稱之為「一種文化」或「這種文化」，因為普世皆然的文化並不存在，沒有哪個「我們」可以定義所有的人。

如果我們可以接受，明白我們的工作就是改變「一種文化」，那麼就可以開始進行兩項艱困的工作：

1. 找出並了解我們想要改變的文化世界觀。
2. 將所有精力投注在這個團體上，不去理會其他所有人，而要專注於建立並實踐你的故事，能夠與我們想要改變的文化共鳴。

這就是我們創造改變的方法，要夠在乎才會想要改變一種文化，而且要夠勇敢才會只選擇一種。

只要加點藝術

企業家亞歷士・薩謬爾（Alex Samuel）指出，在捷藍航空（Jet Blue）開始營運時，只要比美國航空（American Airlines）及達美航空（Delta Airlines）更新潮就好。

但是六年後出現了維珍美國航空（Virgin America），他們必須比捷藍更新潮，這樣的壓力可不同，畢竟捷藍航空很努力營造新潮形象，標準已經提高了。

在我們的文化中，一切都是關係到昨天、今天及明天的高低順序，我們沒辦法一步登天。

例如攝影師的工作就是如此。只要是技巧純熟的攝影師就能夠拍攝昨日的照片，當這種攝影師相當簡單，要模仿過去的風格基本上很容易，一切簡單明瞭；但是要成為建立起下一階段的攝影師，就要跨出很大一步，要闊步選擇做事情的新方法，只要更好一點、更出乎意料一點；可是如果跨得太遠，你的部落就不會跟隨。

案例研究：愛爾蘭同志婚姻

想通過世界上第一份關於同志結婚權利的全國性公投，其中一個方法就是要說明你的主張，聚焦於公平、尊重和人權。

但是那樣的理性方法沒多大用處。

還有其他辦法嗎？布莉姬·懷特（Brighid White）和她的丈夫派迪（Paddy）兩人都將近八十歲，拍了一段影片談論他們的兒子，以及支持公投對他們來說有什麼樣的意義。

像我們這樣的人。

人們很容易就能從觀賞影片中看見自己的影子，身為父母、身為思想傳統的人、身為愛爾蘭人。

政治變革的本質幾乎都關乎文化變革，而文化的改變是在水平面上的。

個人對個人，我們對我們。

菁英和／或排外

麥爾坎・葛拉威爾（Malcolm Gladwell）指出，菁英機構和排外機構之間有所差異。

兩者可以共存，但通常不會。

羅德獎學金（The Rhodes Scholarship）是菁英獎項，只頒發給少數人，也備受其他菁英個人及機構的敬重。

菁英是一種外在衡量，你所在乎的這個世界是否尊重這份標章？

但是羅德獎學金並非排外，它不是一群關係緊密的個體擁有自己的文化而形成的部落。

排外是一種內在衡量，也就是我們對他們、圈內人對圈外人。

地獄天使重機幫並非菁英組織，但他們是排外團體。

哈佛商學院既是菁英也排外，海軍海豹部隊也一樣。

在我們努力想要建立起重要的東西時，很容易就會搞混，我們覺得似乎應該努力讓我們的組織成為菁英，讓《紐約時報》讚譽我們的歌劇是值得一看的表演，或者希望上流階級的人會喜歡我們的現場表演。

但事實上，排外組織才能改變事物。我們無法控制自己的菁英地位，而且轉眼之間就可能被拿走，但是只要排外組織中的成員希望有歸屬感，組織就能蓬勃發展，而那樣的工作是我們可以控制的。

排外組織的核心就是一項簡單的事實：每一位成員都是「像我們這樣的人」，只要加入了就能獲得地位，若是離開便會失去地位。

為了改變一種文化，我們要從一群排外的追隨者開始，我們藉此能夠提供最強的張力並創造出最有用的連結。

案例研究：羅賓漢基金會

二〇一五年，羅賓漢基金會（Robin Hood Foundation）募到了一億一百萬美元。

只一個晚上，這是這類基金會史上最有效率的單一一次募款。

有些人檢視著這次成果並結論認為其策略（盛大晚宴）就是祕訣。並不是。祕訣是超乎尋常的同儕壓力，也就是**我們這樣的人會做這樣的事**。

羅賓漢是一個紐約的慈善機構，大部分捐款來自於有錢的對沖基金以及華爾街投資客。基金會花了一個世代的時間建立起對這項活動的期待，謹慎傳播八卦，讓一些早期採納者在投身於華爾街高度競爭的自大狂熱之時，牽動了他們的慷慨之心。雖然在捐款中有幾筆是匿名捐贈，但幾乎所有募得的善款都圍繞著一項簡單的交易：現金換地位。

這樣的事件創造了張力。你在那裡，你的同儕在那裡，你的另一伴也在那裡，而現場為了慈善的目的舉行了拍賣會。只要一個簡單的動作你就能提高自己的聲望、贏得敬重並主導這項競賽。如果這麼做符合你的世界觀，你也相信自己能夠負擔，那麼就能募到錢了。

多年來，這樣的敘事已經常規化了，這麼做並不極端，對於這個「我們」而言並不是，這才是我們會做的事。

人們很容易就會忽略這段過程中捐款人的意圖性本質，高額捐款不太可能只是臨時起意的副作用。

起立鼓掌

需要多少人才能帶動全場起立鼓掌？

若在TED演講只需要三個人，如果比爾、艾爾和桑妮跳了起來，其他幾千人也會一起照做。

在百老匯表演上，無論觀眾的反應有多麼平淡，如果劇院裡有十五個陌生人起立鼓掌，這樣傳下去或許也夠了。

但在超讚的梅茲洛爵士俱樂部，大概是不可能了。

到底是怎麼回事？

在某些觀眾群中，很少有陌生人存在。我們能夠認出並尊重身邊的人，也相信這些人，同時深深感覺到自己需要能夠融入這群人，這些種種加在一起就能啟動一次起立鼓掌。如果我想要成為「我們」的一員，而領導者站了起來，好喔，我也要站起來。

另一方面，在一群陌生人當中，我們想要融入的慾望就有點不一樣了。在百老匯劇院裡，我戴著觀光客的帽子，而像我這樣的觀光客會這樣回應。身處在不同場合就會產生偏頗。

對死忠的爵士樂迷來說就完全不是這回事了。他們知道爵士樂迷不會起立鼓掌，在俱樂部中不會，這種依場合而存在的偏見很難改變。

根與芽

這裡有個比喻，能夠幫助各位更加具體了解我們到目前為止所提過的概念。

你的工作就像棵樹，它的根生長在夢想與慾望的土壤中，這不是**每個人**的夢想與慾望，只有你想要服務的那些人。

如果你的工作只是賣一項商品，是為了能夠快速回應某個明顯的需求，那麼根就長得不深，你的樹不太可能長大，就算會成長也不會太高，不太可能會有人認為你的樹很重要、很有用或具有優勢，你的樹終將會埋沒在其他類似的樹木當中。

隨著你的樹長大，會成為社群內的指標。在你所想要服務的人當中，那些最早採納的人甚至能夠和樹有所互動，能爬上樹、藉著樹蔭乘涼，最後還能收獲果實，而他們會再吸引其他人。

如果你計劃妥當，樹很快就會長得更高，因為在同個區域內並無太多其他樹木，所以陽光不受遮蔽。隨著樹木成長，不但會吸引其他人，其高度（成為鄰近區域的主要選擇）也會擋住其他類似樹木想要努力茁壯的意圖。市場上喜歡贏家。

不要期待拿著橡實出現就能吸引到很多人，這是錯的。創造改變最短也直接的途徑，就是為在乎你的人做出他們最關心的東西。

第 10 章

信任與張力
讓我們向前

Trust and Tension Create Forward Motion

符合模式／跳脫模式

你總會做到其中一種。

符合模式就是指一般的商業模式，如果你所提供的東西跟我們告訴自己的故事相符合，和我們敘事的方式相同，符合我們習慣的步調以及花費與風險……很容易就會將你加入選擇的組合中。

想想那些有小孩的家庭已經習慣一種接一種的早餐穀片大遊行，從家樂氏可可力到幸運符脆穀圈再到糖霜玉米片，只要有促銷或者廣告夠酷（小孩會吵著要的）就來者不拒。當你推出新品牌的穀片，購買你產品的也是一種符合模式，只要沒問題，為何不買呢？

又或者就像星期四晚上九點播出的情境喜劇那麼簡單，每個禮拜都有幾百萬人坐下來看電視……你不會想要改變他們的模式，只會將自己提供的新產品加入已經存在的組合中。

另一方面，跳脫固定模式則需要某種刺激。可能會感到緊張，必須轉移精力去思考這項新的東西是否值得考慮？大體來說，對大多數你想要接觸的人來說，他們的答案是「不值得」。他們不願意嘗試，因為他們已經建立起模式，時間很寶貴，他們害怕要承擔風險。

如果你想讓一個從來沒有雇用過園丁的人雇用你當他們的園丁，你就是在跳脫他的模式。一個有錢人習慣捐幾百塊給慈善單位，如果你要求他捐五千元，也會面臨一樣的挑戰。在你想要更進一步之前，必須先打破既有模式。

當你的生活受到干擾時，就得建立新模式，這也是為什麼行銷對準了新手爸爸、準新娘和剛搬家的人會有這麼高的利潤，他們沒有可符合的模式，所以一切都是跳脫從前的。另一方面，傳統機構的採購經理所接受的指導是，符合模式就是保持工作穩定、沒有意外的最佳方法。

行銷一套新應用程式的最佳時機，就是平台還是全新的時候。

當你向尚未建立模式的人行銷，就不必說服他們過去的決定都是錯的。

張力能夠改變模式

如果你打算行銷一種跳脫現狀的模式，就必須提供某種張力，這種張力只有願意改變根深蒂固的模式才能紓解。

張力就是拉開橡皮筋的張力，只要拉著一端，橡皮筋上每個點都會產生張力。

為什麼有些人在課堂上不敢問問題，但要是教授點了他們的名字又會很樂意回答？

他們的問題出在自願性，因為這麼做需要行動力及責任心，但若是教授公開點名某個學生回答，就像是在某點上聚集了社會張力，那麼學生就沒有不敢回答的問題。這股張力足以讓他們克服自己的慣性。

當我們要求某人出力協助烘焙特賣會或加入讀書會的時候，就製造了張力，我們運用一股力量（這個案例中是社會參與）來克服另一股力量（維持現況）。

再舉個例子，Slack 這套快速成長的生產力軟體，是為了團隊工作而設計的。很少有人會習慣改變自己工作一整天的方式，沒有人早上起床會希望自己得學習新的軟體程式，然後有好幾個禮拜都得處理因為從可信任的平台轉換到新平台所產生的紛擾。

但是，Slack 卻能成為同類型產品中成長最快速的，為什麼？

因為只要抓住了愛嚐鮮者的活力與喜愛，成長就會開始一飛沖天。如果你的同事也使用 Slack，使用體驗就會更好，所以現有的使用者就有強烈的私心要推薦給其他人，而且老實說，他們一天不推薦，就會多痛苦一天。

對於新使用者無法跳脫舊有的模式該怎麼辦？張力在哪裡？

很簡單：只要有個同事說：「你錯過了很多。」

你一天不用 Slack，辦公室裡的人都會在你背後談論你，背著你做他們自己的計畫，將你排除在對話之外。

你可以紓解這股張力，馬上，只要登入……

Slack 一開始所做的是**符合模式**，提供新軟體給喜歡新軟體的人，讓想要找到新方法來工作的人有新方法能夠工作。

然後他們跨出了一步。

他們提供這群人新工具來跳脫舊有模式，同儕對同儕，當某個員工對另一個員工說：「我們要試試這種新工具。」光是這樣單一的橫向傳播打造出了幾十億元的軟體公司。

這不是偶然，而是內建在軟體本身。

你想跳脫哪種模式？

你在打破什麼？

推出新的專案，除了服務你的觀眾，你也在打破某種模式，替代方案的存在本身就能夠讓某種模式不再為真理。

當你在尼加拉瓜瀑布開了第二家旅館後，第一家旅館就不再是唯一選擇。

當你推出了電話後，電報就不再是傳遞訊息最快的方式。

當你舉辦了一場限定派對，未受邀的人就成了圈外人。

當你推出了極端（最有效率、最不昂貴、最方便），那麼你所超越的一切就不再是粉絲所尋求的極端。

當一套新的網絡開始要吸引客群時，會找來最酷的孩子，因為他們是有力的早期採納者，而這樣的吸引力會影響到你想要取代的舊網絡，讓屬於其中的每一個人重新考慮自己該效忠哪個。

這就是張力的感覺，那種擔心被丟下的張力。

引起改變的行銷人會製造張力。

張力不等同於恐懼

如果你覺得是在恐嚇人們、操縱人們或者讓人們害怕，你大概就做錯了。張力不一樣，我們可以運用張力正是因為我們在乎我們想要服務的人。

恐懼是夢想的殺手，讓人們置身於懸疑未決的想像中，摒住呼吸，全身癱軟而無法前行。

光是恐懼無法幫助你讓改變發生，不過張力或許可以。

我們每次想要跨越一道門檻時都會緊張，也就是「這可以」的張力對上「這不可以」的張力，這樣的張力或者是：「如果我學會這個，我會喜歡自己變成的模樣嗎？」

過程中可能會有恐懼，但是張力是一種承諾，保證我們可以克服恐懼，跨越到另一邊。

最棒的教育經驗中一定會有張力存在，那種不太知道我們現在進展到哪裡的緊張，不太確定課程會怎麼安排，無法保證我們所尋求的洞見即將發生。

所有有效的教育都會製造張力，因為在你學習新事物以前，你知道自己（還）不懂。

我們身為成人，會願意讓自己暴露在一場絕佳的爵士演奏會的張力下，或者是棒球比賽、驚悚電影，但大部分那是因為我們接受了恐懼的灌輸，而在有機會學習新事物，能夠成為我們想要成為的人時，我們卻步了。

如果沒有人告訴我們可以有往前的動力，恐懼就會讓我們癱瘓。一旦我們看見出路，張力就可以成為推動我們的工具。

有效的行銷人有創造張力的勇氣，有些人會積極尋找這股張力，因為有用，能夠推動你所服務的人，讓他們跨越裂溝而到達另一邊。

如果你很在乎自己想要創造的改變，你也一樣會很在乎要為了那樣的改變慷慨且謹慎的創造張力。

行銷人創造張力，前進的動力則能紓壓

結束營業大拍賣的邏輯讓人相當難以理解，畢竟，如果這家店很好，就不會結束營業。如果顧客表現支持、保證或者有再光顧的機會，從某家即將消失的商店買東西好像也不是很聰明。

但是，人們無法抗拒好康的東西。

因為結束營業大拍賣的匱乏性能創造張力，一種「我錯過了什麼好康？」的張力，而要紓解這股張力最好的方法就是走進店裡看看。

當然，害怕錯過某家快破產的店，並不是唯一推動我們向前的張力。

下面是幾個例子：

有個新的社交應用程式，如果你早點註冊使用，就會找到更多朋友，也能比後來加入的人更能跟上潮流，最好別落後了。

這是我們處理發票的方式。我知道你很熟悉原本的系統，但是我們的組織使用新的，所以你必須在週四之前上手。

我們這個街區最近賣掉的三棟房子都比大家所預期的售價還低，如果我們不趕快也賣了，絕對不夠錢付房貸。

Supreme 運動商店的這雙運動鞋只賣二五〇美元，我要買一雙，你要不要一起去？

如果你想知道影集的結局，本週日一定要準時收看。

我們都不想覺得自己被排除在外、被落掉，不知道或者起不了作用，我們想要搶先一步，想要跟上潮流，想要做像我們這樣的人在做的事。

原本這些感受都是不存在的，直到某個行銷人帶著某樣東西出現，才造成影響。如果沒有新專輯出現，就算你還沒聽過也不會覺得自己被排除在外。

我們刻意創造出這樣的隔閡，而人們發現自己必須跨過這樣的張力小峽谷。

這個理由就是地位。

我們站在哪個位置？

其他團體成員會怎麼看我們？

誰往上爬，誰又往下滑？

你準備好製造張力了嗎？

這不是修辭的問題。

你有兩種做事的方式。

你可以當計程車司機，開著車出現，問某人要去哪裡，根據計費表收費，在這套隨叫隨到的運輸系統中當個可取代的小齒輪。也許你這位計程車司機比別人更努力工作，但這改變不了什麼。

或者你可以執行改變，成為創造張力並紓解張力的人。

當他們開始在拉斯維加斯蓋夢幻賭場時，就在無數旅客心中製造了張力，不出一年，原本在雷諾或拉斯維加斯市中心也玩得很開心的旅客，現在覺得自己像二等公民，他們自問：「我是去這種破爛賭場的人嗎？」就因為出現了更夢幻的其他選擇，結果貶低了他們一度很喜歡的經驗。

張力是創造出來的，而紓解張力唯一的方式就是向前進。

在你帶著故事抵達現場的時候，腦海裡準備好解答，你也創造了張力嗎？如果沒有，大家還是會維持這樣的現狀。

現況如何變成這樣？

具主導性的敘事、市占龍頭、統管一切的政策與程序等——這一切的存在都有其理由。

他們很擅長阻擋像你這種反叛者所做的努力。

如果要推翻現狀所需要的只是真相，那我們老早就能改變了。

如果我們一直在等待一個更好的點子、更簡單的解決方案或者更有效率的程序，我們早在一年前、十年前或一百年前就會偏離現況了。

現狀不會因為你是對的而改變，現狀改變是因為文化變了。

能夠推動文化變革的引擎就是地位。

第 11 章

地位、主導權及歸屬感

Status, Dominance, and Affiliation

貝斯特討厭楚門

貝斯特是我養的混種狗。

牠生性開朗，喜愛與人互動，跟每個人、每隻狗都能相處愉快。

楚門是唯一的例外。

楚門是隻莊重自持的德國牧羊犬，剛搬到我家對面。

楚門的主人一家和樂，牠一天會出門散步幾次，但貝斯特非常討厭牠。

楚門的主人來我們家吃晚餐的時候，也會帶楚門過來。貝斯特氣得不得了，完全失去控制。

到底發生什麼事？

想想看加拉巴哥群島的企鵝，這些企鵝一天花兩小時捕魚，剩下的時間便花在啄序。這可是將很大一部分的時間花在社交梳理、碰撞、以及社交定位。

當然不只是企鵝跟我的狗。

我們人也是一樣。

這完全合乎理性；地位便是最佳解釋

為什麼人們選擇這間餐廳，而不是另一間？

為什麼選這間學校？為什麼開這款車，而不是另一款？為什麼那名撲克冠軍賭局失策？為什麼租房，而不買房呢？你屬於什麼樣的社團？

如果你仔細審視那些看似不合理的決定，可能會發現原因出在地位。這些決定在你看來毫不合理，但對做決定的人來說卻天經地義。

我們花許多時間注意地位。

地位：教父與殯葬者

在凱斯・約翰斯頓（Keith Johnstone）的絕妙著作《即興》，他闡述了「地位」如何隱約（但明顯的）驅動文化裡的所有要素。

在團體裡面一定有帶頭的，也一定有弱勢者。

地位角色決定了獅群裡誰能夠第一個動口，抵達綠洲時誰第一個喝到水。

在人類文化裡，只要有兩個人以上，地位便無所不在。約會時（誰買單）或開董事會（誰先進來、誰坐哪裡、誰有發言權、誰有決定權、誰負責）都是。

有個例子我很喜歡，能完整展現約翰斯頓所說的重點，只要你到Youtube搜尋《教父》的開場便能看到。

在婚宴上，筋疲力竭、身形矮小的殯葬業者包納薩拉在教父嫁女兒的那天，穿著一身平凡無奇的黑西裝登門拜訪。

幾秒鐘之內，舞台就已成形。

包納薩拉的地位低下（低到不能再低），他前來拜訪高地位的柯里昂，而柯里昂的一生，就是確保自己在組織的地位至高無上。

婚禮這天有個習俗，教父必須答應任何一項請求。

短短幾分鐘內，整個宇宙便倒轉過來。

包納薩拉請柯里昂解決傷害他女兒的男人。血緣的羈絆讓他願意鋌而走險，藉由貶低教父，提高自己的地位。更糟的是，他表示願意付錢給柯里昂，將堂堂教父視為拿錢辦事的流氓。

真是張力膠著的一刻。

在那一刻，包納薩拉的性命危在旦夕。

他已越過底線。他身為人父自負的心情，將自己逼到了一個教父無法操控的區域。教父無法同時答應他的請求又維持自己的地位，而教父視地位為命脈。

幾個動作後，頃刻間，原本的秩序又恢復了，包納薩拉向教父鞠躬，親吻教父的戒指以示效忠，場景結束。

包納薩拉返回他的地位階層，紓解了原本緊張的情況。

地位驅動我們

地位就是我們在社會階層的位置。

也是我們對那個位置的投射。

地位保護著我們。

地位能讓我們得到想要的東西。

地位讓我們擁有改變的槓桿。

地位也是我們的避風港。

地位可能是贈禮，也可能成為負擔。

地位創造出情境，改變我們原有的決定，改變我們的選擇，摧毀（或幫助）我們的未來。

我們想要改變或保護這個地位的欲望，則會驅使我們所做的一切決定。

案例研究：獅子與馬賽戰士

我們要如何拯救肯亞和坦尚尼亞的獅子呢？

保育生物學家莉拉．海薩（Leela Hazzah）發現環境迫害讓獅子難以生存，但馬賽族人認為徒手獵殺獅子是青少年的成年禮。這種展現勇氣的儀式也對獅群數量造成威脅，當地幾十年前曾經有二十萬頭獅子，現在據估計只剩下三萬頭。

世上所有理性的論點都無法動搖根深蒂固的信仰，這個部落也不例外。對地位的需求（身為家長或青少年）舉世皆然。

但是，海薩博士與團隊卻基於人類慾望，創造出新的文化信仰。就如同我們先前提到四分之一吋的鑽頭，行動與想要的情緒並不一定會有明顯的關聯。就馬賽族的例子來說，其文化目的是要維繫部落情感，創造出賦權、可能性，教導勇氣與耐心，舉行重要的成年儀式，在男孩成為男人的時候提升他的地位。

這些目標沒有一項跟殺獅子直接有關，這只是歷史的產物。

海薩博士與團隊與馬賽族一同工作，了解馬賽文化系統後，他們便想出一個同樣帶有文化影響力、新的成年禮。現在馬賽族的青少年不再獵獅子展現勇氣與耐心，而是去拯救獅子的性命。

該協會表示「野生動物保育主要關注野生動物，而非人類，但獅子守護協會反向操作。我們與當地社群一起保育獅群、改善社群保育意識已將近十年，將科技引進傳統知識與文化。」

現在馬賽族人找到獅子，為牠們命名，並追蹤牠們，以無線電遙測、統計獅群數量。保育獅子已經可以說是項成年禮，與以往獵獅的重要性不相上下。

地位永遠都在改變

一旦你意識到地位，便無法忽略它。舉例來說，警察攔下一名違反交通號誌的機車騎士，在這個情況下，誰有地位？

這名機車騎士走進辦公室，朝著櫃檯大吼大叫，現在誰有地位？

在知道如何衡量現在地位改變的官僚體制內，地位角色的衝突就會發生。

我們在學校裡常看到的角色，班上的開心果、學校裡的風雲人物、模範生，這些都是地位角色。記得我們是如何努力捍衛這些角色，就連我們有機會改變的時候也一樣。

當行銷人想到一個新概念，她有機會、能夠讓改變發生的時候，每一次，對我們的地位都是挑戰。我們有機會能夠接受（提高或降低自身的地位，端看我們告訴自己怎樣的故事）或者拒絕這個提議，承受拒絕之後受到的張力。

你若以為所有人都想要提升自己的地位，那就錯了。事實上，想提升自己地位的人是少數。但若認為沒有人希望自己的地位能夠降低，這也是錯的。如果你處在某種地位角色中，覺得受到限制，你可能會積極爭取去保持或者降低自己的地位。

聰明的行銷人便了解，有些人渴望能夠轉換自身地位（不管是提升或者降低），而有些人會不惜一切的維持自己的角色。

地位與財富有別

在某些小圈圈裡，得過普立茲獎的專欄作家地位可能比我高出許多。負責一間大醫院的醫師，地位可能比有錢的整形醫師高，印度村落裡身無分文的瑜珈大師，地位可能高過當地最有錢的人，至少對瑜珈大師的徒弟來說是如此。

過去幾十年來，我們在授予地位時，漸漸懶得去區分細微差異，相信地位與存款數字或者網路上的粉絲數相關。但地位絕不止於這一種面向。

地位的六個特質

1. **地位永遠是相對的**。地位不像視力、力氣或者存款，不是以絕對的標準衡量，而是相對於團體中的其他人所持有的看法。六比四大，但比十一小，數字沒有最大值。

2. **地位根據觀者而定**。如果圈外人認為你的地位低，你自己認為你的地位高，兩者皆為真，只是不同時間、不同人的看法

3. **我們關心的地位，就是重要的地位**。當我們極力想保有或改變地位的時候，它就變得很重要。對許多人來說，在各種互動中，心裡可能會想著地位，但只有跟我們互動的人在意地位的時候，地位才會變得很重要。

4. **地位具有惰性**。我們會傾向於維持自己的地位（無論高低），而不是去改變它。

5. **地位是學來的**。我們從很小就開始認識地位，而同儕能夠在短時間內影響我們對自己地位的認知。

6. **羞愧感能夠摧毀地位**。恥辱常成為操縱的手段，因為有效。如果我們接受別人給的恥辱，我們對於相對地位的看法會受到破壞。

我們不斷調整自己的地位，根據情況，憑直覺做出改變，當你將作品帶到市場上，地位角色便是你首要考量。

法蘭克．辛納屈不只是感冒了

根據蓋伊．特立斯（Gay Talese）的描述，法蘭克．辛納屈（Frank Sinatra）過著兩種大相逕庭的生活。外界認為他位於頂峰、世故又溫文儒雅。他是個高地位的政治掮客，不苟言笑，獨一無二。

當他照鏡子的時候，他看到的是瘦巴巴、地位低下的小孩，不受尊重，連自己的東西都照顧不好。他身邊的人多是唯命是從、阿諛奉承，他過著自暴自棄、悲慘的日子，掩蓋了他的名氣、財富與健康。

我們在行銷的時候帶進地位的觀念，就像是如履薄冰。我們不知道我們互動的對象是否地位崇高（但不相信地位），或者相信地位，也想要提升地位。

但我們不清楚能有多少選擇，因為我們每一項重大的決定都是基於對地位的觀感所做出的決定。

學會看見地位

地位這項概念看似簡單，實則不然。想看看你要服務的對象的外在地位（社區對他的看法）以及他們內在的地位（他們攬鏡自照時所見）。

接著研究他們是如何維持或尋求改變地位。他們會貶低別人嗎？尋求認同？無私的提供幫助？或是自我激勵，想要有更多成就？他們認為什麼是成功或失敗？請將以下的XY象限列入考量：

第一象限（a）的人十分少有，一般人認為他們是有能力的人，他們也同意自己能夠掌握能力。我會將歐普拉．溫芙蕾（Oprah Winfrey）列在此類，這樣的人能夠自主選擇，而不是等著被選擇。

第二象限（d）的人比較常見，因為許多人擁有高地位，但懷疑自己。這些人可能演戲的技巧十分高超，法蘭克．辛納屈的地位崇高，但他卻極度尋求認同感，兩者兼具，是他為人所知的故事。冒牌者症候群（Impostor syndrome）也屬於這一區塊。

第四象限（b）的人自視甚高，這裡的人對藝術有熱誠，也願意努力達到更好。但隨著時間過去，可能導致苦果。

最後一個，第三象限（c）的群體認為自己不值得（其他人也同意）。這區塊看似悲傷，但看法卻是一致，也就是為什麼在層級文化中這樣的身分根深蒂固，就像參加舞會之前的灰姑娘，不覺得自己有更好的機會。這就是為了保有低收入、高風險的工作而奮鬥的礦工。

在我們進一步分析之前，還

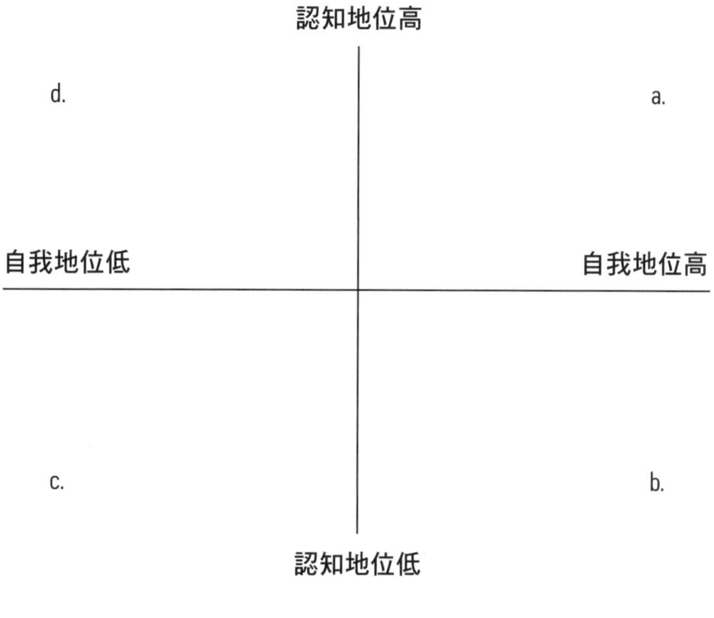

有另一個象限：

在許多互動場合，人們想要改變相對地位，不管是將自己的地位提升到與同儕相等，或者因為尋求安全感，降低自己的地位。

降低地位能產生安全感，因為空間較大，威脅較少，這裡的人比較不會為了更好的景觀、或搶第一個吃午餐爭奪不休。

人們隨時都在注意自己的相對地位。我們可以往上走，或往下移動，可以幫忙或推人一把向上或向下，我們可以開啟大門，讓別人的地位提升，或者我們可

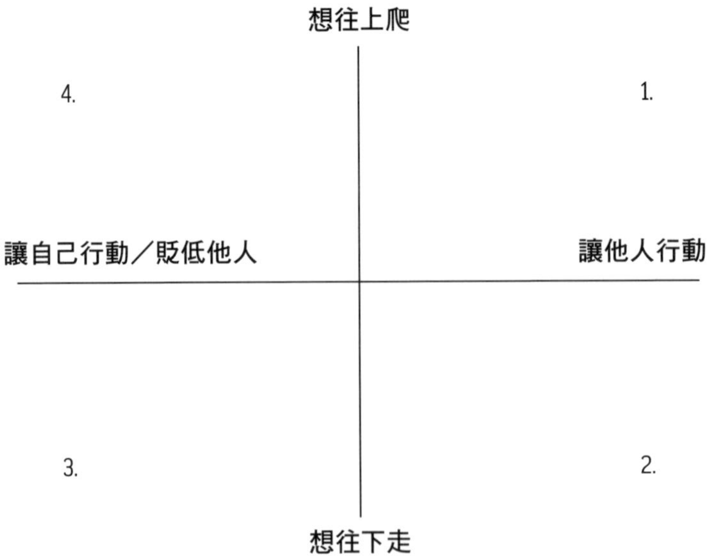

以花時間詆毀他人，或者提升自己的地位。

在第一象限，有著慈善家、盡心盡力的老師，還有社會正義倡議者，這樣的人將心力放在地位低的人，而不是關心自己，也能改善自己與他人的地位。這就是超人受人喜愛的原因。他可以去搶銀行，但他選擇救人。

第二象限的人做的事情類似，但原因不同。這些人讓他人走前面，但卻不願意搶鋒頭，因為其他人更值得。

第三象限的人有著反社會人格，其幼稚的自戀心理對社會有害。這種人滿腔憤怒，知道自己不夠好，而且他要拖所有人一起下水。O．J．辛普森（O. J. Simpson）與馬丁．沙克雷利（Martin Shkreli）就是這種人。

第四象限的人就是在各種場合都要贏的那種好鬥的自私分子，為了贏，願意創造價值，也願意兩敗俱傷。

因材施教

我們每個人都有自己的敘事方式。我們腦中的聲音，獨有的價值觀，那些形塑我們、讓我們做出選擇的經驗、價值觀與觀點。Sonder這個字的意思是能夠大方的接受他人不想要、不相信、或者不知道我們所做的事，而別人心中也有這些類似的想法。

但是為了將改變帶到這個世界，我們必須猜測他人的想法，我們無法聽到他們腦中的聲音，但能夠依照他們的行為去猜測。

我們的文化分成兩派。在不同時候，有兩種類型的人告訴自己不同的故事，並以不同的方式表現出來，第一種就是在某些情況中，自動握有主導權，第二種就是尋求歸屬感的人。

歸屬感與主導權是衡量地位的不同方式

只要你搜尋「nicest guy in Hollywood」（好萊塢的大好人），就會看到湯姆·漢克（Tom Hanks）的照片，而搜尋「The Godfather」（教父），就會看到柯里昂（Don Corleone）這個虛構人物的照片。

湯姆漢克關心歸屬感，柯里昂則權衡主導權。

若看清這其中的差別，對我們的世界、政治樣貌，以及你更清楚的了解顧客如何看事物。在這一段，我們將探討各種世界觀的人物誌、認知、誇張的描述。

歸屬感：

關心歸屬感的人會問自己，以及周遭的人以下問題：

誰認識你？

誰相信你？

你有沒有做出改善？

你的朋友圈長什麼樣子？

你在部落中的地位在哪？

我們不能一起和平相處嗎？

主導權：

關心主導權的人會問自己，以及周遭的人以下問題：

這是我的，不是你的。

誰的權力比較大？

我自己完成的。

我的家人需要比現在擁有的還要多。

我們能夠主導你們，意思就是只要我們的領袖占上風，我不用管理。

在球場上，十二歲的小孩唯一在乎的便是贏球。不只是贏得勝利，還要把對方打得落花流水。他會質疑裁判的動機，踩別人一腳，不顧一切只為贏球。

這個小孩完全不想成為班上的佼佼者，但他很在意公車上旁邊坐的人是誰。

在爵士樂團裡，有人很在意他獨奏的次數，也有人關心的是整團演奏是否和諧。

你此刻想要服務的對象：他們衡量的標準是什麼？如果你想行銷的對象在衡量主導權或歸屬感，你必須要知道，以及背後的原因。

「誰先吃」「誰坐得離皇上最近」都是至今仍存在的問題。兩個都與地位有關，一個涉及主導權，另一個跟歸屬感有關。不只是先吃飯，而是跟先吃飯的人同一個圈子，以及擁有看著別人比較晚吃的優越感。不只是坐得離皇上近，而是知道你仍受到皇上（以及宮廷裡的其他人）福澤庇佑，明天也會很好過。

哪一項敘述能使你的觀眾產生共鳴？

跟職業摔跤學習

職業摔跤，說到底不就是地位的爭奪戰？不只是對摔跤手，對粉絲來說也是如此。因為當你支持的選手占上風，你也跟著占上風。

如果你了解職業摔跤手跟支持者在賽事裡面看事情的角度，你就能夠了解某些人是如何看待你的產品。

主導權的替代選擇就是歸屬感

你不需要挖到石油，或者擁有工廠才能獲得地位。能夠讓別台車進入車流，或者擋住那台車的去路，感受到的地位都一樣。

這種地位來自社群，一種因為貢獻、關愛、感受、與其他人同步所獲得的尊敬地位，特別是與那些無力回報的那些人。

現代社會、鄉村社會、網路社會，藝術、創新，都先立基於歸屬感不是主導權而存在。

這種地位不是「我比較厲害」，而是「我們在同個群體。我們是一家人」。在以歸屬感而非製造業為基礎的經濟體中，能夠成為大家庭裡面受信任的一員，實在無價。

時尚經常與歸屬感有關

他們展示的是什麼？其他人都在做什麼？這個是當季的嗎？

在競爭激烈的市場裡，大家爭相成為主導者。但在以消費者組成的市場，領袖的角色就會產生影響，因為消費者想要跟其他人產生歸屬感。

領導者提供了重要的訊號、通知，期待其他人能夠同步。目標不是要贏，而是要成為團體裡的一分子。

發出主導權訊號

Uber 以主導權建立品牌。在 Uber 剛開始的那幾年，他們與當地政府、競爭對手、司機的關係頗受爭論，這種現象與一些投資人、員工和用戶的觀點一致，因此 Uber 就對這些故事加油添醋了一番。有些顧客、合夥人、以及員工，喜歡聽到這種有贏有輸的故事。

你想為什麼樣子的公司工作？有些認同單一價值觀的人，就很難理解為何會有人想的跟他們不一樣。

發出歸屬感訊號

行銷人花許多時間與金錢在發出歸屬感的訊號這種小事上。展場的攤位人多嗎？還有誰參加午宴呢？誰推薦這本書呢？有人在討論它嗎（意思是有像我們這樣的人這樣做嗎）？

歸屬感並不像主導權特別強調稀少性，因為歸屬感喜愛網路效應，越有歸屬感，所有參與者都會產生聯繫，越多越好。

行銷人向對的人傳送對的訊息，想找到有影響力的人，能夠投注資金，產生連帶效應。對投資銀行來說，就是刊登墓碑式廣告，在底下印出所有「正確的」公司名。對B2B的銷售員來說，就是轉介紹。對當地工匠來說，就是在某個地方穩紮穩打，一直到做出名聲。

主導權是垂直的感受，往上或往下；歸屬感是水平的，就好比說，站在我身旁的人是誰？

歸屬感或主導權是由顧客決定，不是你

你看到的世界，是分成贏家跟輸家？上層與下層？還是圈內人與圈外人、與其他人同步、成為行進隊伍的一分子？

你對世界的看法，比不上你想服務的對象的世界觀來得重要。

就我們的經驗而言，他們的世界觀永遠比你說的故事有力，我們服務的對象心裡所想的，與我們所想的並不相同。

第 12 章

更棒的商業計畫

A Better Business Plan

你要去哪裡？有什麼讓你耽擱了？

我不是很清楚為什麼商業計畫會長成現在這個樣子，但是商業計畫常被用來混淆視聽，讓人感到無聊，展示符合期望的能力。我如果想知道企業的實際狀況和發展方向，我希望看到更實用的文件。我將現代的商業計畫分成以下五部分：

實話
斷言
替代方案
人
金錢

實話區塊依照實際狀況描述世界，你可以加上註解，也可以告訴我你將進入的市場、現有的需求、競爭對手、科技標準，過去其他人是如何達到成功或失敗。描述得越精確越好，故事越真實越好。這個區塊的重點就是確保你很清楚你所看到的世界，而我們都同意你所做的假設。這不是選邊站的時候，不用挑選立場，只要陳述事實。

在這個段落，可以詳盡描述，包括試算表、市場分析、以及其他任何有助於了解運作的資料。

斷言的部分是讓你有機會描述如何做出改變，類似像我們會先做 X，再做 Y，我們會在這段時間內用這些預算做出 Z。我們會向市場推出 Q，市場會做出什麼樣的反應。

你在講故事的時候要創造出張力，你服務某一種特定市場，因為你的到來，你期待某些事情發生。是什麼？

這就是現代商業計畫的重點。要發行一個計畫，唯一的原因就是想做出改變，讓世界變得更好，我們必須知道你想做什麼，將帶來什麼影響。

當然，這個區塊可能不是很精準。你可能會漏了預算、期限跟銷售情況，所以替代方案的區塊就是告訴我，如果這些情況發生的話，你會怎麼做？你的產品或者團隊有多少彈性空間？如果你的計畫沒有實現的話，還有別的出路嗎？

在人的這個區塊，就能強調主要的重點：你的團隊裡有誰，有誰即將加入。「誰」指的不是他們的背景，而是他們的態度、能力、過去的成就。

你在這裡可以講得仔細一點，你服務的對象有誰？主要的人是誰？他們對於地位的態度如何？他們有什麼樣的世界觀？

最後一個區塊，則是跟錢有關。你需要多少錢？會如何使用？現金流大概如何？利潤與虧損、資產負債表、毛利、現有策略等等。

你們在地的風險投資人可能不會喜歡這個格式，但我敢打賭，這將會有助於你們的團隊，在處理一些困難的問題時更有頭緒。

或許你已經看到轉移

當你打開這本書時，可能在想：「我有一個產品，而且我需要更多的人購買這項產品。我遇到了一個行銷問題。」

到目前為止，我希望你了解這句陳述背後的工業主義、自私的成分。我們的文化目的不是為了施行資本主義，儘管資本主義能讓你付得起帳單。資本主義的目的，是為了打造我們的文化。

你一旦採取了服務的姿態，或者是做出改變的文化，改變就發生了。

現在，與其問「要怎麼做才有更多人能聽到我的話，要如何把話傳出去，怎麼做才有更多粉絲，如何付得出薪水」，你現在可以問自己「我想要做出什麼樣的改變？」

你若了解自己的立場，其他事情也會變得比較順利。

將你的使命宣言換句話說是沒用的

我們常常執著於我們的目的，為什麼，以及生存的理由。目的只是換句話說「我想要賣出更多現在已經在賣的東西。」

就我的經驗來說，許多行銷人的「目的」相同，大家都想要成功。想要在雙贏的局面裡與人互動，想獲得尊敬，被看到，獲得讚賞。想要賺夠多的利潤，可以投資再大賺一場。

這就是你的理由，這就是你上班的理由。

我了解了。

但一個良好的商業計畫包含這個普世的需求，還要講得再更精準一點，描述對象以及目的。裡面應包含你想要創造的張力，你互動的地位角色，你想帶來、會發生改變的故事。

這不是你的目的，這不是你的任務，只是你工作的內容。如果這行不通，沒關係。並不代表你失去了目的，或者你的「為什麼」注定失敗。這只是代表，你在追求的過程中又刪去一條道路。

你現在可以再找一個新的。

第 13 章

符號學、象徵和語彙

Semiotics, Symbols, and Vernacular

你現在聽得到我嗎？

我們以象徵性的符號溝通。「C－A－R」並不是車子的圖示，或者汽車的照片，而是象徵性的代替車子，讓腦海中浮現車的樣子。

Nike花了數百萬美金，告訴大眾一個勾勾代表人類的潛能、成就、地位，以及表現。

如果你是位設計師，comic sans這個字體代表品味不佳、地位低、懶散。行銷人應該了解，每個人對符號的解讀各異，要能夠向對的觀眾運用適當的符號，也要有著發明新符號取代舊符號的勇氣。

一百多年前，符號學剛萌芽，並不是像現在一樣，每天有數百萬的人，互相在網路上行銷時以符號交流。

現在，我們帶有意圖（或單憑直覺）以符號交流的能力，就是決定我們成功或失敗的關鍵。

這讓你想到什麼？

大忙人們（就是你想改變的那些人）並不像你一樣關心你的作品。他們資訊更新得不夠及時，也不了解私底下競爭有多激烈。

我們只是掃一眼，而不會研究。

在視線掃過去的時候，想的是：「這讓我想到什麼？」

這表示你使用的logo，你說的故事，還有作品的外觀都很重要。他們對你講的內容產生共鳴，不只是因為其中意涵，還有因為你講的方式跟聲音。

不只是物品本身，還包括了你在你辦公室之外的地方，如何替公司打造一個空間。

如果這個地方讓我們想到高中校園的餐廳，我們知道該做什麼反應。若是一個個圓桌，有正式晚餐，我們知道如何應對。如果是飯店式排得整整齊齊的座椅，我們知道要坐得人模人樣。

我們不關心你或你所做的努力。我們想知道這是否是我們要的，你是否真的有兩把刷子。

這就是符號學。旗幟、象徵、捷徑、速記。搖滾演唱會裡閃爍的燈光能讓音樂聽起來不同嗎？或許有，因為這些燈提醒了我們，我們正處在巨蛋演唱會中。

我們拿著報紙的感覺，跟拿著平板、漫畫書、或聖經的感覺都不一樣。物品的外型就會改變內容給人的感覺。

巧克力棒的外觀與化學療法的藥物看起來就不大一樣。

我們走進醫院場所，就算是走到推拿師的辦公室，但看起來像外科醫生的辦公室，我們就會想起之前幫過我們的外科醫師。

我們拿起一本看起來像個人出版的書，對待這種書的心態就跟我們在高中讀的經典名著不一樣。

我們接到陌生電話，聽到有點像詐騙的聲音，不必等到對方開口，就會想到以前接過的自動語音電話跟詐騙電話，所以我們就會把電話掛掉。

如果網站看起來像是地球村網站（GeoCities），有閃爍的 gif 動畫⋯。

如果你讓我想到詐騙，就得費好一番功夫才能洗去這個印象。這就是為什麼許多大公司的 logo 看起來很像，不是因為設計師懶惰，而是想要傳達出可靠的公司形象。

這就是「讓人聯想」的技巧，你也可以刻意為之。

聘請專業人士

網路世界裡有許多由業餘人士製作的網站、電子郵件、影片。業餘人士做出他們喜歡的東西。

挺好的。

但專業人士能幫你設計出別人喜歡的東西。他們打造出來的東西，讓人感覺到專業的魔力。

專業沒有一定的樣貌，也沒有一個完美答案。夏季賣座片是以電影的四個架構來製作，而非年輕美妝網紅的 Youtube 影音。

有時候，業餘人士剛好找到一個適當的語彙，讓對的人想到對的故事。在其他時候，最好就是刻意為之。

想像這個世界……

唐・拉芳田（Don LaFontaine）曾經替五千多部電影、電視作品配音，不是因為他比其他人更有天賦，或者因為他最便宜，而是因為他是連本帶利的投資，如果工作室負責人希望觀眾聯想到經典電影，他的聲音就有辦法做到，因為大家會想到他早期配音的經典作品。

千萬要記住，身為行銷人的你，看到你做出來的符號象徵會想到什麼並不重要。所謂的符號學根本不在乎是誰創造符號，是依照觀者的想法而定。

更重要的是，沒有絕對的答案。適用於某團體的象徵不一定適用於別的團體。套頭帽 T 在矽谷是地位的象徵（表示忙到沒時間買衣服），但在不同環境、不同對象，像倫敦東區穿著套頭帽 T 的人，可能會讓人提高警覺心，而不是讓人感到安心。

為什麼奈及利亞的詐騙郵件這麼兩光？

如果你曾經收到一封王子寄來的郵件，信裡說你將分得數百萬元財產，你可能會注意到裡面許多拼錯的字，還有一些跡象，讓人一看就知道這是假的。

為什麼這些老練的詐騙集團會犯這麼明顯的錯誤？

因為他們的目標對象不是你。因為他們想對一些謹慎、存疑、消息靈通的人發出訊號：走開。

這封郵件就是在對那些貪心又好騙的人發出訊息。如果詐騙的過程中有太多不相干的人加入，只是浪費詐騙的時間。他們寧願一開始就把你捨去，而非選錯對象，最後讓到手的人給跑了。

SUV上的旗幟稱作輪胎圈

從二〇一八年開始，越昂貴的車款上，輪胎周圍就有越可能加裝誇張的輪胎圈（flare）。

輪胎圈跟以往相比，製作過程更簡單（機器人可以把鋼打彎）。輪胎圈就是一種象徵（signifier），告訴別人這台車或車主的地位。

輪胎圈沒有實質功能，它位於輪胎上方六吋，但這些輪胎圈好好的裝著。

在汽車零件市場，你可以加價購買更大的輪胎圈，有點像是汽車界的隆乳手術，做得太誇張，你的地位在多數人眼中反倒下滑，而非提升，跟整型手術很像。

凱迪拉克XTS就更誇張，每顆車尾燈後面都加裝了小小的裝飾，同樣也是毫無功能，但能讓人想到蝙蝠車（或者一九五五年的林肯福利車）。

這些地位的旗幟無所不在。

艾力克斯・貝克（Alex Peck）指出，開車用的手套背面總有一個大洞，為什麼呢？可能是因為舊時代，開車的男性擁有的手錶都很大，所以手套上必須要有一個洞，才能讓錶露出來。

隨著時代改變，大手錶已經不在，但大洞仍然被保留，因為它是一個象徵。

這些過去的實用性變成象徵，一旦這種象徵人盡皆知（像是愛馬仕手提包的精緻細節），就會出現許多仿造、操作、擴散，直到這個特性不再稀奇，就只是品味的轉變而已。

你的旗幟是什麼？為什麼有人揮舞這面旗？

這旗幟不是給所有人

我想再強調一次，最小可行市場讓你能夠選擇你想服務的對象。這些人想找的是某種特定的象徵，如果你選對市場，有可能他們想要找的象徵跟大眾市場想要的象徵非常不一樣。

這樣講有點矛盾。如果我們想要做出改變，就必須踏出跌跌撞撞的第一步，常常我們後來做出的創新讓（某些）人想到我們以前失敗的經驗，我們便開始服務一些覺得無所謂的觀眾，因為只有這些人給我們新作品機會。

發出一個我們已經信任的訊號，然後做出足夠的改變，我們會知道這是新的、是來自你的作品。

相同與相異

大多數的汽車廣告看起來都一樣，因為這些廣告發出的訊號都在強調這些汽車值得你考慮。要花費這麼一大筆投資是安心的選擇。

Vogue 裡的時尚廣告跟運動雜誌裡的非常不一樣。為什麼呢？因為溝通的語彙很重要。如果你不照著我們期望的方式說話（字型、攝影風格、文案），你就跟我們不是同一個圈子裡的人。

好設計師能幫你做到的就是這個，融入的機會。有時候，你可能會請一個優秀的設計師，一個表現超乎預期，講著不同語彙的人，但也不要相差太多，不然你有可能無法跟你想交流的對象產生共鳴。

傳奇人物李．克勞（Lee Clow）從喬治．歐威爾（George Orwell）的小說《一九八四》發想出電視廣告史最經典的廣告。一九八四那年在超級盃看到這個蘋果廣告[3]的觀眾，幾乎沒人了解裡面的隱喻。（大家高中時都讀過《一九八四》這本書，但如果你想要吸引數百萬喝啤酒的運動迷注意，高中指定讀物可能不是好選擇）。但熟悉媒體的媒體人立刻就懂了，如魚上鉤一樣，熱烈討論；書呆子也懂了，迫不及待的去排隊。

我們學到的是：蘋果的廣告團隊只需要一百萬人看懂這個廣告，所以他們向這些人發出訊息，忽略所有其他人。

這個概念從百萬人傳達給所有人，花了三十年，蘋果也一樣用三十年打造出數千億美元市值。但這支廣告之所以成功，是因為運用了符號學，而不是科技。在每個關鍵時刻，蘋果公司都會發出訊號，使用前衛得恰到好處的字眼、字體、設計，讓正確的人收到這些訊息。

案例研究：基斯在哪裡？

不是所有的符號都立意良善。潘妮洛普・卡新（Penelope Gazin）和凱特・多爾（Kate Dwyer）創立 Wichsy.com 時，她們寄出的郵件都得不到回覆，於是她們創造了第三個夥伴，這個虛構的男性名叫基斯，設定一組他的電子郵件，讓基斯

3 編注：指蘋果電腦在一九八四年推出新麥金塔的廣告。

加入信件中的討論。

這個簡單的轉變，揭示我們社會在對待兩性時的可恥差距。「基斯」寫的信通常很快就能獲得回覆，供應商、開發商、潛在合作夥伴更願意回覆基斯的信，寫信時還直接稱呼他的名字，也更願意提供幫助。她們便將此事告訴《Fast Company》雜誌。

我們會評判我們所看到的一切，別人也會反過來評論我們的一切。通常，這些評判帶有偏見、不正確、無效率。但否定這些評判，並不能讓評判消失。

行銷人可以使用符號象徵，獲得信任、註冊者，也可能發現這些符號象徵造成反效果。為了要改變文化，我們別無選擇，只能認同我們想要改變的這個文化。

這不表示我們只能放棄，融入或與不公不義妥協。我們必須刻意專注於自己的故事與象徵。而且一定要明白這是為誰設計？有什麼用處？

我們帶有意圖的加上旗幟

我們可以選擇要揮舞哪些符號學的旗幟，選擇不用也是一項選擇。

你想要服務的人也想知道你是誰。如果你要出現在他們的世界，最好讓他們清楚的了解你是誰，以及你的立場。

堅持自己不需要旗幟（或者徽章）是懶人的做法。你也就不用認同先前的文化迷因，或者穿上制服。

最愚蠢的做法，就是認為你的特色很棒，其他東西都比不上。其他的東西總是很重要。

品牌是為了大眾設計的嗎？

你的品牌是什麼？

提示：答案不是你的 logo

在這個擁擠的社會裡，我們面臨太多選擇（雷射印表機墨水就有二十幾種可選，在星巴克裡有一萬九千種飲料組合），大多數的東西都「還不錯」，你能有自己的品牌就已經很幸運了。

品牌就代表著客戶期望。他們覺得你給了什麼樣的承諾？他們跟你買東西、與你見面、或者雇用你的時候期待什麼？

你的品牌就是承諾。

Nike沒有飯店。如果有，你大概猜得到Nike的飯店長什麼樣子，這就是Nike的品牌。

如果你有真心的粉絲，原因就是這群人跟你的互動之中，你可以看到他們期待你下次帶給他們很棒的東西。這種期望並不具體，這是情感上的期望。

另一方面，生活日用品沒有品牌。如果我買好幾噸的麥子、好幾磅的咖啡，或者幾GB的寬頻，我唯一期待的就是規格。我想要跟昨天一樣的，只想要更快、更便宜，我就會付錢。

我們如何得知威訊無限（Verizon）或AT&T其實一文不值呢？因為如果我們換品牌，這些品牌並不在意。

如果你想要建立市場資產，你必須投資在關係維護，以及其他不可轉移的資產。**如果人們會在乎，你就有了品牌**。

logo 重要嗎？

它可能不如你的設計師想得那麼重要，但又比普羅大眾想得重要一點。如果品牌代表著你給予的期望，logo 就好像是張提醒人們這個期望的便利貼。沒有品牌，logo 什麼都不是。

這裡有個簡單的小活動：

畫出五個你喜歡的 logo，身為設計消費者的你，畫出或者剪貼出五個不錯的 logo。

好了嗎？

我預測：每一個都代表你喜歡的品牌。

幾乎不會有人畫卍或者搶錢的銀行 logo，因為 logo 跟品牌期望緊緊綁在一起，我們覺得 logo 充滿著品牌的力量，而忽略 logo 的元素。

有可能大品牌的 logo 看起來很糟（有人覺得當人太累，想當美人魚嗎？），許多大品牌的 logo 甚至沒有辨識度也沒有記憶點（想到 Google、Sephora、好市

多），而且只要看一眼你的 Helvetica 字型清單，就發現有許多品牌根本也不在乎。

你不應該敷衍了事，也不應該選讓人感到冒犯、或者分心的 logo。你應該選一個適合所有尺寸、所有媒介的 logo。

最重要的是，挑個 logo，不要花太多會議時間討論，或者花太多錢，用這個 logo，就好像你一直用著你的名字一樣。

第 14 章

用不同的方法對待不同的人

Treat Different People Differently

尋找嘗鮮者

隨便在一百個人當中，選一個計算單位（身高、體重、IQ、頭髮長度、五十碼短跑速度、臉書朋友數等），你會發現接近平均值的人數最多。一百個人裡面，大概有六十八個人會接近平均值，二十七個人稍微遠離一點，還有四個人是極端值。

這個常見的現象，我們稱之為標準差，在人類行為表現上確實很常見。弗雷特．羅傑斯（Everett Rogers）發現，若提到樣式、科技或者創新發明，大多數的人喜歡自己原有的東西，他們想跟別人一樣，也不會積極尋找創新。

不過有些人，也就是左圖右側的十五或十六人，就是嘗鮮者。他們是早期採納者，想要更好、更棒、更新。他們會為了電影首映會排隊，會立即更新系統，也會讀Vogue的廣告。

位於曲線左側的人數量和嘗鮮者一樣多，他們會維持現狀到最後一天，他們還在讀《讀者文摘》，還在用VCR。

優秀的行銷人應該明白，你不應該浪費一分鐘（不管是你的時間或他們的時間）在任何曲線左側的人。

如果一個人對於自已所擁有的感到滿足，你可能沒有夠多的金錢或者時間，能直接接觸到這些人，激發他們的不滿，也就是說讓他們產生興趣，願意接受改變，成為你的顧客。

我們不是在找這群人，現在還不是。

有了耐心和智慧，你就能夠接觸到他們，是有可能。有一天、平行接觸、個人對個人，藉由口碑推薦，但不是現在。

你可以從嘗鮮者開始，你能夠立即解決這些人的問題（新奇、張力、永遠想要找更好）。

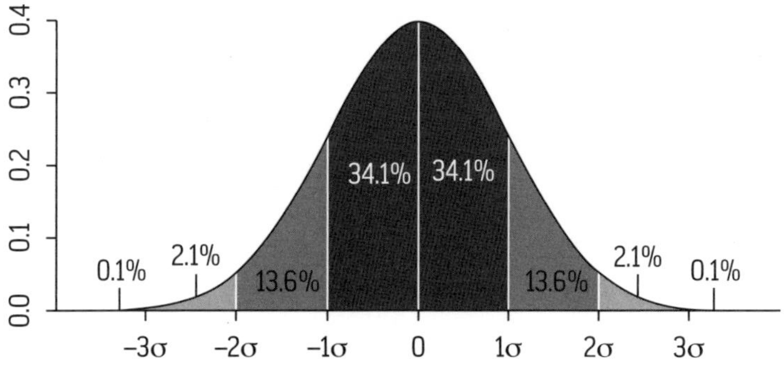

標準差：圖上的百分比代表著每個區域的百分比，低於平均數一個標準差之下的區塊占 34.1%

註冊者

強制教育不存在，你沒辦法在違反別人的意願下教他們。

替代方案就是自願教育，也就是獲得註冊者。

我們要求別人給予注意力，因為我們允諾這值得他們努力，他們將獲得他們想要的獨到見解、未來的方向。

你需要的便是註冊者，取得他們願意投入的意願。

註冊者會舉手互動、眼睛看著黑板、做筆記。註冊者就是這個旅程的第一步，你跟顧客之間可以互相學習。

註冊者是互相的、兩廂情願，而且通常會創造改變。

偷懶的行銷人想用炫目的廣告買到註冊者，但優秀的行銷人會去找那些想要獲得改變的人，增加註冊者。而且他們也會把想做出改變的人彼此相連。

這個改變，正是行銷人找的東西。

人們想要什麼？

這個問題可能問得不大對。

不同人想要的東西不一樣。

嘗鮮者想要當第一，想要希望或者魔法。他們想要變魔術般成功的快感，也願意冒失敗的風險。他們想要將這些創新的玩意秀給其他人看，獲得優越感，也想要將工作做得更快、更好、更滿足，並且因為他們的創新、生產力而期待獲得報酬。

反之，大公司裡的小螺絲釘想要避免與老闆起衝突，如果衝突發生了，他便需要完美的不在場證明，以及避免承擔責任的方法。

社運分子想要一線希望，有機會做正確的事情。

衡量主導權，而非歸屬感的人想要贏。如果他贏不了，他可能會願意看著他的對手輸。

衡量歸屬感的人想要融入、與他人同步，享有「像我們這樣的人喜歡這樣做」

的愉悅感，也不想冒著成為領導者的風險。

有些人想要責任，其他人想要受到認可。你想服務的對象有部分人想要殺價，但也有極少數人想要付多一點錢，證明自己有能力。

基本上沒有人想要覺得自己很笨。

越來越多人受到便利的承諾誘惑，所以他們就不用注意，或者做出判斷。有些人在無法付出努力的時候，感到空虛。

我們學到的是：常保持好奇心、多嘗試、用不同的方法對待不同的人。如果你不這麼做，他們就去找會這麼做的人。

超級客人

有些顧客的價值比其他人來得高。

你可能聽過這樣的故事，有些餐廳會把餐廳評論員的照片掛在廚房。

這樣做的邏輯是，如果你早點發現這名評論員，就可以提升服務品質，獲得良好評論。

問題是，現在每個人都是餐廳評論員。每一個人都能夠在 Yelp 上分享意見，所以你應該對每一個人更好，因為每個人擁有的權力都變大了。

但這邏輯似乎不通。對每個人都好，跟對每個人都差的意思差不多，在現有資源下，你無法對每個人都好。相對的，你可以觀察新的常態，雖然每個人都有發聲的平台，但不是每個人都會使用這個平台。

每個人都有可能是嘗鮮者、權力運用者、重要的貢獻者，但不是每個人都會抓住這樣的機會。

你可以從觀察人們的行為學到很多，如果有人在學你的做法，就反過來學他的做法。有人想要談論你做的事，那就讓他們有更多事可以講。如果你發現有人想要成為領導者，就給他們領導的資源。

隨著科技的幫助，我們可以選擇以不同的方式對待不同的人。但我們要觀察、傾聽，才能明白該提供什麼、該提供給誰。

顧客貢獻的真相

行銷得花錢。

穿西裝開會要錢，店面要錢，開發新軟體要錢，庫存要錢。跑廣告，拓展知名度，各式各樣的東西都要錢。

這些都是固定成本，攤在你所有的客群上。

如果你算一下，你會看到像下面這張圖：虛線代表你花在人均行銷的費用，直條圖代表你從每個顧客身上賺到的毛利率。

圖表中只有八位客人貢獻了一些小利潤。

這張表可以運用在買書的人、上館子

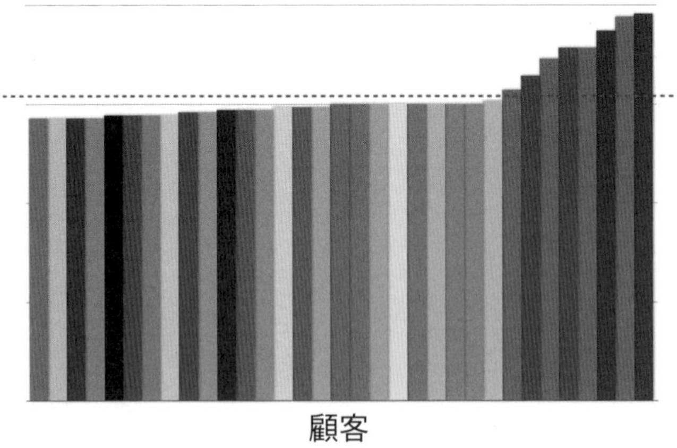

的人、政治捐獻者、慈善家、集郵者，或者是某些會出現花大錢的客人的那種產業。

你問：「這是為誰呢？」答案應該是：「會捧場，讓我們能繼續經營的顧客。」你服務許多客人，只從其中的幾個少數獲利。

大鯨魚幫小蝦米付錢。

這行得通，但為了達到最好的效果，你必須尋找並且取悅那些少數人。回報就是，你將獲得一群忠實顧客，對你的東西全部都買單。

與顧客互動的目的是什麼？

想一下那些因為遇到問題，走向顧客服務台的重要客人。

我們怎麼知道他們很重要？因為客服會記錄誰寫信或誰打電話來，我們就會開始研究。研究之後發現，這個人已經當好幾年的顧客，在你的銀行存很多錢，在推特上提到你、從不退貨、準時付款、購買高利潤的商品等。

事實上，如果你計算一下，就會發現他創造的收益是一般客人的八倍。跟一般讓你虧錢的匿名大眾不一樣，他是少數那些帶來收入，創造利潤的人。

如果我們講的是有六個客戶的接案者，這就不是什麼新奇的事了。當大客戶打來的時候，接案者馬上就知道發生什麼事。

不過我們要說的是你賺錢的組織。當顧客打來的時候，領最低薪資、最不受尊重的客服人員接了電話，或者是你門市裡的店員情況也差不多。

在這個情況下，當電話響起，接下來的互動應該是什麼？

如果目標是應付過去，快點結束這通電話，否認責任，照本宣科，講一些「聲明」「我們的政策」，然後請、拜託、無疑的繼續做你正在做的事情，情況會變得越來越糟。反之，在這個情況下，如果你展現人性的一面，你得付出的成本就是讓這位特別顧客很開心。

坐上車，開過整座城市，出現在客人面前，直接跟他溝通。或是衝到聯邦快遞，在當天最後一次收包裹時寄出，拿到那個包裹的顧客感到驚喜和愉悅，有助於讓生意做得久。請 CEO 拿起電話，播給那個不小心被扣了三次款的客人，花上幾分鐘，但會很值得。

我知道你無法為每一位顧客做到這樣，但你可學著這樣做，或做類似的事。

第 15 章

接觸對的人

Reaching the Right People

目標、策略、戰術

在講解戰術之前，讓我先簡單說明幾個觀念。

戰術很好懂，因為這些戰術列得出來，你可能想使用，也可能不使用。

但策略比較抽象，就好像戰術之上面的大傘，戰術要能夠支撐這些策略。

目標就是當你的策略成功的時候，你認定會發生的事。

如果你把你的戰術告訴競爭對手，他們會抄襲你的戰術，造成你的損失。

但如果你把你的策略告訴他們，那就沒關係，因為他們不敢，或者也沒有耐心將你的策略變成他們的策略。

你的目標就是你想讓世界發生的改變。這個目標可以是關心自己是否賺到錢，但更有可能是你服務的對象做出改變。

目標就是你的明燈，你工作中堅定不移的目的地。

你的策略，也就是為了達到目標而投資的持久方法。策略的位置應該高過戰術，策略可能是贏得信任、關注，可能是成為最好或唯一的選擇，可能是與盟友結伴以利將你的訊息傳達給對的族群。

你運用故事、地位、關係來製造張力，推動情緒——這就是策略。

策略如果成功，你就離你的目標更近。如果失敗，可能需要改變策略，但希望這樣的事不要常發生。

戰術呢？戰術就是你依照策略，所走的數十步、或數百步，如果戰術失敗，沒關係，另一個戰術可以取而代之，支持著你心中的策略。

一旦你認為這個戰術對達成目標沒有幫助，就改變它。

例如可口可樂數十年來只有一個單純的目標：讓更多人喝更多可口可樂。他們的策略是下無數支廣告，說服大眾市場，可樂是他們文化中的一部分，可以讓人快樂，而且大家都在喝可樂。廣告內容時時在變，因為廣告的內容就是戰術之一。

戶外用品品牌 Patagonia 的目標是讓一小群熱愛戶外運動的人關心環境，穿上 Patagonia 的衣服就能展現他們的關心。用他們的話來說「這就像是無聲的運動，不用馬達、不用群眾歡呼。在每一種運動中的收穫，都是得來不易的優雅，與大自然之間的連結。」

他們的策略就是重新定義人們對環境影響，以及對衣服品質的看法。給這一小群人標籤和工具，他們就能夠用來向朋友宣傳他們的願景，創造出圈內人跟圈外人。

他們的戰術包括尋找回收衣服的新方法，以紅磚作為店面裝飾，還有材質的選擇、價格。當戰術失敗時，他們也不會拋棄他們已經採用三十年的策略。

廣告是特殊案例，成長時選配的引擎

媒體公司、電信公司、快遞服務都靠同樣的事情賺錢：販賣他們表面上服務的對象的注意力。

你可以在雜誌、在網路上、或者在郵票上買廣告，在這三種情況，你能與中間人承諾的人互動、觸及、干擾、教育。任何有郵票的人都能夠寄信。

你不用贏得這個注意力，因為你可以花錢購買。你不再是圈外人，你已經變成圈內人。你有錢，只要你付得起，可以在任何時候買到注意力。

好消息是：當你發現一個有效的廣告方法時，就能夠大規模使用，快速並精準的擴散。

但你大概也猜得到壞消息：要找到一個有效的廣告方法並不容易。

這不表示你應該放棄嘗試，然而你應該清楚自己要做什麼，以及原因。

一個廣告沒有吸引力，就等於不存在。

得到注意力的廣告，也只吸引一些人，並不是每個人都注意到。但是，如果吸引到對的人，就會創造出張力，一種因未知而想知道更多的張力。覺得好像落後別人而感到的緊張，一種覺得事情會改善或者更糟的張力。

幾乎所有電視廣告都只是意象式的噪音，不斷告訴觀眾（如電視上所看到的），這個牌子很安全，是你跟同儕知道的品牌，一個能夠上電視的品牌。

這就是在競爭激烈的市場裡大公司必須支付的費用，像稅一樣。但對其他公司來說，這種行銷方式比較不切實際，幾乎不會納入考量。

比以前更多，也比以前更少

時至今日，買廣告的組織來到史無前例的新高，如果你在臉書上曾經點過「推廣」按鈕，你就是廣告產業裡的一分子。

想將訊息推廣出去，從來就沒有這麼便宜、容易，你可以付費給 Linkedin，獲得直接傳訊息的特權，也可以為你的非營利組織下免費的網站廣告，推廣你的會議或者烘焙生意。

網路廣告的奇妙之處有三種要素：

1. 跟其他媒體相較，在線上你可以更精準的觸及受眾，不只是這些人長什麼樣子的大數據，而是他們的消費心理學，他們所相信的，以及他們在尋找的東西。
2. 你可以即時觸及受眾，可能你早上十點才決定下廣告，在十點一分的時候就能夠觸及受眾。
3. 你可以測量每件事情。

既然網路廣告更快速、更便宜、更容易測量，為什麼這不是所有行銷的重點？討論到這裡不是就結束了嗎？

因為網路廣告也是有史以來最容易被忽視的一種廣告方式。

有時候，你對幾百人、幾千人下廣告，卻沒有得到一個點擊數。整個廣告活動從開始到結束，對這個文化沒有影響，這樣的事一點也不奇怪。

廣告不是不花錢就能得到的媒體，是買來的、付費的。你想觸及的對象也知道這一點，所以他們心存懷疑，他們已經被過多的訊息淹沒，身心俱疲。

你並不是付錢給受眾去刊這個廣告，但你想要受眾回報你注意力。

所以你就被忽視了。

並不是廣告沒用，只不過它不是適用於所有人的萬靈丹，至少不是現在。

贏得關注要花什麼成本？值得嗎？

請不要被不花錢就能得到關注的可能性迷惑了，突如其來的關注可能使你旋風式的成名，但其實你什麼都沒做。

就算是「免費」宣傳，也會花去你的時間和努力。

但現在，我們看個廣告，花費等同於注意力的公式很清楚。時尚雜誌裡的廣告每千次曝光成本（CPM）需要八十美元，也就是說要讓一千個讀者（廣義的讀者）看到你的廣告，會花你八十美元，也可以說平均花在一個人的成本略低於一美元。

在次級的網站中，如果要有百萬瀏覽數，大概會花八十塊美元，但這些受眾看過去、點擊、忽視，可能不會記得你的廣告，也不會行動。

任何想買廣告的人都得問「是否值得？」想讓改變發生的人通常都很急，買廣告就好像是抄捷徑，但沒有耐心、沒有聚焦的話，這個投資等於是白費了。

品牌行銷創造魔力，直效行銷讓電話響不停

萊斯特．文德曼（Lester Wunderman）是直效行銷（direct marketing）的創始人，他發明這個詞，也用此打造美國運通、哥倫比亞唱片俱樂部，以及一百多個

專案。

我在一九九五年邀請萊斯特參加揚揚迪尼公司（Yoyodyne）的董事會，這是一間我在網際網路流行之前所創的網路直銷公司。

萊斯特是第一個區別品牌行銷與直效行銷差異的人，但他的概念從未像現在這麼清楚。因為Google跟臉書崛起，現在直效行銷的數量史無前例的多。

這兩者的差異在網路買廣告後就能看出來：

直效行銷是以行動為導向，能夠被量化。

品牌行銷是以文化為導向，無法被量化。

如果你在臉書下廣告，細數點擊率，計算有多少轉換率，你在做的就是直效行銷。

如果你在高速公路旁邊買廣告，希望下次有人過世的時候，別人會想到你的殯儀館，你做的是品牌行銷。

你做的直效行銷有可能會改變文化（不錯的副作用），你買的廣告，發送的目錄跟造訪網站，可能改變人們對品牌的認知。

你的品牌行銷成果也可能會產生一些訂單（另一個不錯的副作用），你的廣告看板可能讓某些人下了交流道之後付錢給你，或者你贊助的播客（podcast）可能吸引人到你的公司應徵。

但如果把這兩者搞混的話，就很危險。

Google 和臉書的巨大收益不斷成長只有一個原因：這些網站上的廣告帶來利潤。一百美元的線上廣告如果為廣告主帶來一二五美元的利潤；廣告主知道這一點，所以就買了更多的廣告。事實上，廣告主便不斷購買廣告，直到這些廣告無法帶來利潤為止。

反之，品牌行銷（像福特、絕對伏特加 [Absolut Vodka]、高露潔－棕欖 [Palmolive]）多年來形塑我們的文化。但是這些品牌和其無數他品牌都無法建立有效的直效行銷活動。想轉換到能夠被量化的線上行銷環境，這件事情帶來的壓力重重，屢屢失敗。

這個手段很簡單但難做到：如果你下網路行銷廣告，量測所有指標，計算要花多少才能贏得注意力或獲得點擊率，將注意力轉換為訂單。直效行銷是行動行銷，但如果你無法測量，就不算數。

如果你下的廣告是品牌行銷，就要有耐心，不要去測量，跟文化互動，集中注意力，但最重要的是要保持一致與耐心。如果你無法保持一致及耐心，那就不要花錢買廣告做品牌行銷。

以上兩段應該能讓你覺得為這本書所付出的時間跟金錢值回票價，雖然我希望這不是你唯一獲得回報的投資。但就連最大、最成功的組織也無法認清轉移到網路與顧客互動這件事情，是如何從根本改變他們的生意。

寶僑（Procter & Gamble）為了汰漬（Tide）跟 Crest 還有其他品牌的品牌行銷，在電視花了數百萬美元廣告。但當電視廣告被直接的數位廣告取代，他們的商業模式便瓦解了。

本地的披薩店喜歡用黃頁廣告，特殊好記的電話號碼證明這是有效的廣告。然而，現在轉移到 Yelp，對商家來說很花時間、風險高。你沒辦法掌握，也沒有以往的經驗可參考。

對於許多小型企業而言，從昂貴、緩慢且難以衡量的品牌廣告轉向快速、靈活且可測量的直接廣告是正面的轉變。但是當你試圖觸及那些通常不點網路廣告的人時，要學直效行銷人的做法並不容易成功。

線上直效行銷的簡單指南

這些線上廣告的存在就是為了獲得點擊。

這些點擊數之所以存在，就是為了銷售或贏得客戶的許可。

這些銷售會帶來另一波銷售，或者口碑行銷。

顧客許可了，就會導致教育和銷售。

這就是了。

過程中的每一個步驟都需要成本（你在第一步的時候付現，但漸漸的，有些人中途便離開），每一步也帶你更接近利潤。

先針對每一個步驟評價。在你做得到這步之前，不要購買直接廣告。

會有人看到你的廣告，沒有任何反應嗎？一定有。雖然這些是額外效應，文化轉移、累積意識。但如果你無法測量，就不算數。

品牌行銷的簡單指南

你所做的每一件事，從如何應對電話、設計包裝，從你的地點到你產品的下游效應，從電話中的等待音樂到主管的態度，甚至你使用的包材，都是你品牌行銷的一環。

你無法測量，甚至可能從來沒注意到。

但這還是很重要。

你已經花了錢做品牌行銷，無庸置疑。問題是：如果你花更多錢，會發生什麼事？如果你更有意識的花錢會發生什麼事？

如果你可以更有耐心的花更多時間、金錢，向這個世界呈現你的品牌故事，你會怎麼做？

你可以在當地報紙購買全版廣告，或者購買電視廣告，這種買法已行之有年。你可以在很短的時間內做出偉大的宣言，很有趣，除了你老闆或者跟預算相關的人，你不需要讓其他人接受你的意見。買一次廣告，事情就結束了，明天又是嶄新的一天。

這也可能是你最佳的花錢選擇——贊助網球賽，或者贊助播客也有可能帶來奇蹟。

可能。

或者你應該大量投資你的團隊與顧客的互動，或者應該花幾百萬美金研發，或者你應該重回學校，精進自己。

我想分享一個最重要的、與品牌行銷有關的事情，那就是：你絕對、一定、我敢保證，沒有足夠的時間與金錢，去打造一個適合所有人的品牌。我保證你做不到，別試了。

精準一點。

更精準一點。

帶著這個理念，用力的做品牌行銷。從每一次互動的片段，就能反映出全貌。每當我們看到你的一部分，我們就可以猜想整個品牌的樣子。

頻率

人們記不得他們讀過的、聽過的、或看過的。運氣好的話，人們會記得別人做過的事，但常常連這一點事也記不住。

我們記得我們排練的事物。

我們記得那些看過一遍又一遍的東西，我們做了一次又一次的事。我們記得連續二十年都來過聖誕節的佛雷德叔叔，但不記得他帶來的朋友苡瑟，因為她只來過一次。

我們之所以進化成這樣，是很明顯的演化因素。我們必須無情的捨去記憶，而最容易忘掉的記憶，就是一些偶然的聲響。

我們記得家庭相本裡面的活動，但不記得那些沒有被拍下來的活動。這跟拍照本身沒有關係，而是因為我們會不斷複誦這些故事，每次看到照片就會再講一次。

整個過程下來，讓我們「相信」這些故事和活動發生了很多次。這種熟悉的感覺很正常，我們相信這種正常。

行銷人卻常常忘記這件事。

因為我們覺得自己的東西很無聊，我們的故事，我們做出的改變。我們以前聽過，記在心裡，但覺得無聊。

所以我們做出改變。

傑伊・李文森（Jay Levinson）有段話很著名：「不要因為你對廣告厭煩就把它換掉，不要因為你的員工對廣告厭煩就把它換掉，就連你的朋友都感到厭煩也別換掉。只有在會計師覺得厭煩的時候才能把它換掉。」

這句話不只適用於廣告。

你需要頻繁的講故事。你們在嘗試新方法、發表聲明、開發新市場……如果沒有立即見效，我們會直覺的離開，改做別的事情。

但「頻率」教我們的事情是，我們覺得無趣，但在到人們接受到訊息之間有個深深的差距。

許多人開始一項計畫時，他們到處演講，甚至到TED舞台上分享，然後他們就去做別的事了。他們發展一些兼職的事業，獲得幾個客戶，有一些成績之後，就結束了。或者是他們開一間公司，募資之後很快的就花完，在好事發生之前就碰壁了。

經過多次訓練，市場會將頻率與信任聯想在一起（你看我又重申一次），如果你在累積頻率的過程中就放棄，就不能怪自己從來就沒有機會贏得信任。

搜尋引擎最佳化（SEO）與鹽礦

Google的生態系統是建於一個神話之上。也就是說，成千上萬的企業，都為了搜尋引擎而做好準備，希望被想要找到他們的民眾找到。

約會網站也提供同樣的承諾，社交網站也是。

照著這個理論，跟著規定，當我們搜尋「輪胎商店」、「餐廳」或者「兼職編輯」或「週末有趣約會」，我們就會搜尋到。

但數學上無法支持這項行為。

搜尋結果會出現幾千筆網頁，我們受到什麼迷惑，才覺得自己會成為排名第一的網頁。

當某人輸入一個通稱時，不應該是找到你們。

應該是，有人非常在乎你以及你的商品，所以他們會直接搜尋你的名字，而不是通稱。

你若想要找到我的部落格，可以在Google輸入「部落格」

但我寧願你搜尋的是「賽斯」。

在搜尋結果中排行前面的優化方案通稱為SEO。鎖匠、飯店、醫生，只要在搜尋結果中拔得頭籌，就能賺錢。但其他人就得花錢請顧問，或者做一些事情來提高排名。數學在這個像老鼠會一樣的事情上說不通。

反之，聰明的行銷人會創造出讓人值得搜尋的商品或服務。不是搜尋通稱，而就是要找到你，找到你做出的東西，一個明確的事物。如果你做得到這點，Google將會助你一臂之力。如果有人在搜尋你的話，Google也希望讓你能被找到。

所以第一步，就是做出一個人們想特地搜尋的產品或服務，你在通稱的搜尋可能贏不了，但如果是很精確的搜尋，你就是常勝軍。

第二步很好理解：成為顧客需要時就想要找的人。

第 16 章

定價的故事

Price Is a Story

定價是一種行銷策略，不只是收到錢而已

到頭來，你還是必須告訴顧客你提供的服務跟產品共收費多少，你在定價的時候必須考慮兩件事情：

行銷會改變你的定價。

定價也會改變你的行銷。

顧客會根據你的定價去猜測、聯想，你的定價也使顧客認定你會提供什麼樣的服務，你必須很清楚如何定位自己。你的定價應該與你所定位的極端值一致。

你是那種會挑菜單裡最便宜紅酒的人嗎？那你覺得最貴的酒如何呢？

注意，這兩個問題都不是在問酒本身。與酒的味道或者價值無關。

它只問價格。

沒有人會開那種最便宜的車（你在街上幾乎看不到 Yugo 的車），也很少人會笨到在市中心開 Bugatti 名車到處跑。但在兩個極端之間，可以有各式各樣的故事。

這些故事是我們跟自己、還有周遭的人都會講的故事。

保時捷的卡宴（Porsche Cayenne）實用價值與昂貴程度根本不成比例，它代表一種訊號，一個在我們自家門前的車道，以及在自尊心裡的小劇場自得意滿的揮舞銀色或紅色的旗幟，

當然，價格不只是訊號，也是使我們的計畫成長的引擎，因為價格決定了我們代表什麼，我們為誰設計，以及我們所說的故事。定價會產生（或減去）邊際利潤，我們就能夠將邊際利潤用於推播行銷。

就以麵包師傅來說。適量生產時，一條吐司的材料與經常開支為1.95美元，吐司零售價為一條2美元時，利潤就是5分。我們來看看三種極端值：

如果一條賣2.5美元，利潤就是55分，也就增加十一倍，每條麵包的利潤增加超過1000%。

如果一條賣3美元，我們一條吐司就可以賺超過1美元，跟第一種價格相比超過二十倍。賣兩塊錢的麵包師，跟賣三塊錢的精品麵包師比，得多賣出二十一條吐司。二十一的差別就是麵包店外只有很少的客人或是外面大排長龍。

「但是」我們說，「我們的客人寧願去買比較便宜的。」

的確有可能。不過當顧客面對一塵不染的乾淨店面、薪水不錯又友善的員工、櫥窗裡的最新看板、當地籃球隊的球衣印著你們店的logo，他們會如何評估這些價值呢？每買一條吐司，就會附送好看的購物袋，還會多送一些法式小餅乾，這些價值又該如何判斷呢？如果他們可以告訴朋友，他們買的麵包跟街上時髦餐館裡的麵包是一樣的，他們的感覺又會如何？

寧願為了較貴的價格賠罪一次，也不願受到別人一百次輕視。

所以說，價格就是訊號。

不同價格（不同人）

桂格公司發明定價法。在此之前，浮動價格被廣為接受，大家愛討價還價。但梅西百貨與沃納梅克需要擴張，建立大型商場，雇用低薪員工。他們沒辦法訓練那麼多人討價還價，也不相信員工能夠做到，因此這兩間公司大規模採用桂格的創意。

桂格一開始認為跟不同顧客收不同的價格，在道德上說不過去，但固定價格會流行起來，是因為實業家與大型企業喜歡做事情有效率。

但網路改變了一切，就像其他東西遇到的狀況。

一方面，你可以說定價就是定價，特斯拉就是這樣告訴買豪華車的顧客，顧客覺得很欣慰。但 Uber 想依照需求調整價格，就損失數百萬的受託保管財產。

對大多數企業來說，特別是小型企業，最難的部分不是收取不同價格的機制。而是在於會不會說故事。

我會提到這個，是因為這對了解你定價的故事（以及故事的定價）很有幫助。如果你發現你得到特別折扣，別人沒有，你感覺如何？又如果你發現其他人有折扣，唯獨你沒有，又感覺如何？

那 Kickstarter 募資網站的稀少性及定價策略又怎麼說呢？老實說，你是不是因為怕買不到，所以才趕快行動？

「便宜」是「害怕」的同義詞

除非你找到一種極為獨特的新方法來提供服務或產品，不然打價格戰大概就表示你並沒有充分的準備改變。

當你賣得最便宜，你承諾的就是不改變。

你保證你賣的東西一樣，但更便宜。

價格戰很吸引人，因為便宜的東西最好賣。不用重新計算，或者思考顧客族群，跟文化或情緒都無關，就只是更便宜。

低價格對行銷人來說，就像是手上的最後一張牌。

那免費如何呢？

如果行銷是為了顧客而做，也必須與顧客一起做，為什麼不能免費贈送呢？

原因有以下兩點：

1. 本質上，參與一筆交易就與接到免費贈品不同，這些免費品顯然沒有價值（或沒有價格）。因為產品的稀有性、張力，或是註冊會員以致於讓我們決定購買，如果這個產品免費，行銷人等於是犧牲掉這些東西。

2. 若沒有現金流，你就無法投資在產品、團隊或者行銷。

當然，遇到不同情境或不同購買原因時，免費是值得考慮。

免費不只是比一分錢的東西少收一分錢，而是交易活動的完全不一樣的分類，就好像零除以零，變成無限大。

跟付費的概念相比，免費的創意很容易傳開，而且傳得很快。

如果使用臉書一個月要花三塊美元，就不會有百萬計的用戶。

如果聽收音機的熱門音樂榜要花錢，排行榜裡的前四十名就不會存在。

不過……如果我們把所有東西都免費贈送的話，就沒辦法賺錢養家了。

想解決這個矛盾，就是將兩件事組合起來：

1. 不必付費就可以得到的想法比較容易擴散。
2. 把想法以昂貴的方式呈現是值得付費的。

當廚師免費分享食譜、出現在播客，或主持線上研討會，她是在免費提供她的創意。要找到這些食譜、頻繁的互動、分享它都很簡單。但如果你想在她的餐廳裡吃到白色桌布上、放在瓷盤裡的義大利麵，就要花二十四美元。

廣播免費播放歌曲，但演唱會門票要八十四美元，藝人就能獲得補償。瓷器跟門票都是創意的紀念品，而紀念品本來就價值不菲。

你有各式各樣的方法可以免費分享你的願景、你的想法、你的數位表述、你連結的能力。

每一項都能建立知名度、許可、信任，讓你有平台能夠賣那些值得付費的東西。

信任與風險，信任與花費

合理來說，我們在進行高風險交易之前，先得要累積信任度。

從理性的角度來看，人們在花一大筆錢（一種風險）之前，或者答應付出時間與努力之前，需要獲得更多信任。

但很多時候，恰好相反。

交易風險高的這個事實也誤導我們的認知。我們製造出信任的感覺，是因為我們必須花很多錢。「我很聰明，所以聰明的做法就是確認我投資畢生積蓄（或者託付生命前）給我信任的人，所以我一定要相信這個人。」

這就像體能訓練營的目的。由於參加的代價高（流血、流汗、流淚），讓我們與整個團體融為一體。

這就是為什麼人們參加了外展訓練營（Outward Bound）之後會改變。

這就是為什麼高級餐廳與高級飯店能夠挺過很差勁的評論。

當人們下重本（現金、聲譽、努力），他們通常會想出一個能夠使他們的承諾合理化的故事，而這個故事就包含了信任。

每一個騙子都了解這個原理。諷刺的是，行銷人需要的就是信任，但往往不了解這個概念。

降價並不能夠讓你獲得更多信任，恰恰招來相反的結果。

大膽改變，勇敢做生意

免費工作、不斷打折、大量無薪加班並不是慷慨的表現，因為這無法持久，而且你很快就得打破自己的承諾。

反之，用你的勇氣、同情心、尊敬展現出來的慷慨才是真正的慷慨。你的顧客希望你夠關心，而想要他們做出改變。

創造張力，推動前進。

運用情緒勞動，開啟接下來的可能。

如果你需要收取很高的費用才能成功，他們也會覺得很划算。

案例研究：聯合廣場餐飲集團不收小費

聯合廣場咖啡是《Zagat 紐約餐飲指南》十幾年來評價最高的餐廳。

幾年之間，聯合廣場咖啡公司在紐約開了將近十二間評價頗高的餐廳（並同時拆分出價值數百萬美元的 Shake Shack 速食店），這些餐廳全都隸屬於聯合廣場餐飲集團。

二〇一六年，他們決定取消小費，讓許多人為之震驚。聯合廣場餐飲集團不收小費，卻將價格提高兩成，將這些多出來的收入撥至員工育嬰假、合理薪資的成本，以及將團隊提升為專業人士的機會。這項改變也表示在餐館、廚房裡忙的人（做菜給你吃的人）可以獲得更好的報酬，服務生有了一起工作的誘因，能夠換班，像醫生、機師、老師一樣的工作，為了工作而工作，而不只是為了小費。

這是很棒的領導方式，卻出現許多行銷的問題。

你要如何向一般顧客解釋價格上漲，取消小費，而這名顧客自認小費給得大方，重視給小費這種特殊的關係？

你要如何向一名觀光客解釋？這名觀光客訂位前上網看過菜單，但並不清楚現在價格內含小費，所以以前會比較便宜。

你要如何向員工溝通，尤其是那些以前小費賺得多的服務生，現在覺得自己的薪水變少了？

這個改變是什麼，是為了誰？

我們可以學到一點，這樣子的改變不能讓所有人都滿意。舉例來說，有些消費者小費給得很慷慨，如此能夠享受他們獲得的地位而開心。他們想炫耀，而且在有錢人的格局裡，是一種低成本的快感。聯合廣場餐飲集團卻不能再提供這種小確幸了。「抱歉，這不適合你。」

另一方面，關心歸屬感的顧客認為真誠的感謝，好過那種擔心小費給太少或太多的感覺。

好一點的是，有些關心公平與尊嚴的客人現在可能比較不願去其他餐館消費。有兩間餐廳可以選：一間的員工投入工作，受到公平對待，有尊嚴的工作；另一間則存在階級制度。你可能較常去那間與你價值觀相符的餐廳。

一般而言，單獨至餐廳用餐的人不多。聯合廣場餐飲集團讓請客的人有機會藉由釋放出道德訊號獲得地位。他們讓客人有個故事可以告訴自己（及其他人），即便像選餐廳這種小事也能像棘輪轉動一樣變成討論種族、性別、貧富差距。

這個故事不見得適合每個人，但遇到對的人，就能夠化為體驗。

這是為了誰，為什麼做，地位如何改變的？我會告訴其他人什麼？

第 17 章

良性循環裡的許可與讚賞

Permission and Remarkability in a Virtuous Cycle

許可是令人期待的、私人的、相關的

二十多年前，我在《許可式行銷》一書當中描述一個革命的開始。

這個革命跟關注有關。稀罕的關注。

行銷人竊取這個關注的概念，錯誤的使用，浪費了這個概念。

他們認為垃圾訊息不用花錢，所以就發多一點。垃圾訊息、垃圾訊息，到處都是垃圾訊息。

垃圾郵件當然包括在內，但各種垃圾訊息都算，它們不斷的竊取我們的注意力以及珍貴的時間，兩者都一去不復返。

我們的替代方案是得到「許可」的特權，只發送給期待收到、私人的、有相關的訊息的人。

這看起來似乎毫無爭議，但事實卻相反。這個觀念讓我被直效行銷協會（Direct Marketing Association）趕出大門。

我二十五年前發現垃圾訊息無法擴張。關注力極為珍貴，自私的行銷人應該停止竊取這種人類無法再擁有更多的東西。

我和我的團隊基於這個想法創了一間公司揚揚迪尼。有一度，揚揚迪尼曾發送、收到並且處理全世界最多的電子郵件，我們在每一位收件者的積極許可下發信，開信率超過70％，電子郵件的回應率平均達33％。

這個數據大約是二〇一八年一般商業電子郵件的一千倍。

在比購買廣告還要更久以前，贏得別人關注是很重要的資產，就像一種特權，你獲准跟人家聊天，如果你離開的話他們會想念你。

許可式行銷體認到這股新力量，就是讓最棒的消費者忽略行銷。以尊重待人，就是贏得他們關注力的最佳方法。

關注在這裡是個關鍵字，因為許可式行銷人知道，當有人決定關注你，他們正在付出有價值的東西，而且他們就算改變心意，也無法收回關注力。關注力成了一項重要的資產，值得珍惜而不該被浪費。

真正的許可跟假定的許可、法律上的許可不一樣。即便你透過某種管道得到我的電子郵件地址，不代表你獲得使用許可。即便我沒抱怨，也不代表你獲得許可。即便你把它納入你的隱私政策小字裡面，也不代表你獲得許可。

真正的許可是像這樣：如果你沒出現，大家會關心你，問你去哪裡了。

許可就好像約會。你不會剛見面就想要成交一筆訂單，但時間越久，漸漸的，你會贏得這項權利。

許可式行銷的驅動關鍵之一，除了關注力的稀有性以外，就是與關注你的人連結成本極低。一點一滴，從一兩封訊息開始。

每一次聯絡幾乎都是免費。

RSS與電子郵件等科技，讓你不用煩惱郵票，或每次你要發言的時候就被網路廣告打斷。送貨到府就是牛奶快遞的報復——這就是許可式行銷的菁華。

臉書和其他社群平台看似捷徑，因為在上面能夠輕鬆觸及新對象。但要付出的代價是，你只是佃農，不是地主。你沒有直接連絡人的許可，他們才有；你沒有資產，他們才有。

每一個出版商、每一間媒體公司、每一個出書賣點子的作家都需要擁有許可資產，不用透過中間人，能夠直接聯絡到讀者的權利。

許可不一定得很正式，但要很明顯。我的朋友若需要跟我借五美元，他有權利打給我，但你在商業展覽會遇到的人沒有權利遞給你整份履歷，儘管他也是買票進來的。

訂閱報章雜誌就是很明顯的許可，這就是為什麼報紙訂戶如此珍貴，雜誌訂戶跟比在書報攤翻閱的讀者更有價值。

為了要獲得許可，你會做出承諾。你說：「我會做X、Y與Z；我希望你能夠聽看看，請給我許可。」然後最難的來了，X、Y、Z就是你所有該做的事情。你不能將該做的事情賣掉、出租，或者要求更多注意力。你可以承諾寄電子報，連續寄好幾年，你可以承諾每日的RSS訂閱，每三分鐘就通知我一次，你可以承諾每天賣一種商品（網路零售商Woot就是這樣做），但除非雙方同意改變，承諾必須維持不變。你不能假設因為你要選總統，或者即將季末，或者你的新產品要上市，所以你有權利改變承諾。你沒有這項權利。

許可並不一定是單向廣播，你可以在網路上跟不同的人用不同的方式互動，你可以了解如何讓你的許可對象選擇他們想要收到的訊息跟形式。

如果你感覺許可式行銷似乎需要人性和耐性，這就對了。這也是為什麼很少公司能夠正確運用許可式行銷。在這種情況下，最好的捷徑就是根本沒有捷徑。

如果你沒有發出下一封郵件，有多少人會表達關心並好奇（或抱怨）？這是一項值得加進來衡量的指標。

一旦你得到許可，你就能夠教育。你有了註冊者。你可以慢慢來，講故事。漸漸的，你就能夠跟人互動。不要只是對著他們講話；跟他們溝通一些他們要的訊息。

在《許可式行銷》出版後沒多久，丹尼．雷維（Dany Levy）開始發送《每日糖果電子報》（*DailyCandy*）。這個電子報的訂閱者針對城市裡想要知道拍賣、派對、想交朋友的年輕女性。這個資產就非常有價值，最後以一百多萬美元賣出。

每個作播客的人也都擁有這樣的資產，也就是定期收聽最新節目的訂閱者。

每位成功的政治家也有像這樣的資產，一群積極的支持者，迫切想知道他下一步行動，廣為分享或者採取行動。

保護這個資產，它比你公司裡的筆電或者椅子要有價值得多。如果有人帶著你的資產走出公司大門，就把他解雇了。如果你的團隊中有人為了讓數字好看，在名單上造假，也別讓他留在公司。

贏得你的許可，擁有它

我們看中社群平台的大量用戶而使用這個平台，但我們並不是在建立資產。當然，目前你可以在這個平台上累積粉絲，但一段時間過去，這個平台就會向你收費，而不是平白無故的送你使用。所以你就必須推廣貼文，或者擔心如果平台希望自己股票上漲的時候會發生什麼事。

如果許可是你工作的核心，贏得這些許可並保存下來。只跟那些選擇聽你講話的人溝通。許可最簡單的定義，就是那些如果你沒有現身，會想念你的人。

你應該擁有，而不只是租下這些資產。

土瑪・巴沙與 RapCaviar

二〇一五年，Spotify 為了與 Apple 新推出的 DJ 精選歌單相抗衡，聘請土瑪・巴沙（Tuma Basa）為音樂選品人，。巴沙接管 RapCaviar 的歌單，幾個月內就成長至超過三百多萬人訂閱。這些人是給予 Spotify（以及巴沙）許可的用戶，讓他們可以分享新音樂。

三年內，他們的訂閱數又成長至九百萬人。

他建立了音樂產業裡最重要的資產，比任何一個電台、任何一本雜誌都還大。巴沙每推薦一個新的音樂人，這人就成了明星（像 Cardi B 說的錢滾錢）。每週五早上歌單就會更新，到當天結束，金曲排行榜就大洗牌了。

Spotify 不需要擁有頻譜，或者雜誌，他們擁有許可資產。許可，關注力和註冊者就能夠驅動商業。

慷慨現身

要如何一開始就能獲得許可呢？要如何跟想關注你的人連結呢？那些關心新事物的人（那些嘗鮮者）的世界觀讓他們想要找新的聲音、新的概念、新的選項。在你的市場裡可能這樣的人不多了，但人數總是夠的。

當漫威想要發行一個新的超級英雄系列時，並不是從全國電視廣告著手，而是去聖地牙哥漫畫展。

漫畫展有許可。來自狂熱粉絲、喜歡嘗鮮的粉絲，激發新的創意，讓他們找到下一個更大事物的許可。

這就是發行《死侍》的場合，不是來銷售宣傳，而是慷慨現身。

特別出席才能吸引大家的關注力。

與導演的現場對談。

真實發生的新聞。

雖然電影還要一年才會上映，他們不是來賣票的，他們是到動漫展贏得許可。

慢慢的吸引注意力，就能贏得特權，讓他們向那些想聽的人說故事。

更重要的，這是一個訊號。把訊號傳遞給部落裡的核心成員，我們會關注這件事，這就是像我們這樣的人接下來一年會討論的話題。

就算電影市場只占動漫展的百分之幾也不重要，重要的是故事的品質，以及他們展現出的同理心和慷慨。

然後，如果做得對的話，話就會傳出去。

將你的項目做到令人讚賞

要直接面對面的把話傳出去幾乎不可能。不僅昂貴，速度也太慢。想要找到每個人，打斷、吸引他們，一個一個慢慢來，這工作光想就讓人害怕。

取代方案，就是刻意創造一個讓人覺得值得討論的產品或者服務。

我稱之為紫牛。

一件事是否能成為大事業，不是你這個創造者能夠決定的。你可以盡全力，但最終決定掌握在使用者手上，不是你。

如果他們討論起來，表示這令人讚賞。

如果他們討論起來，話就傳開了。

如果這些談話將你的概念往外傳，其他人就會跟你的概念交流，然後這個過程不斷重複。

說得容易做得難。

你必須刻意的做這些事情，將這個概念埋在產品或者服務裡。

這表示有效率的行銷人，也負責顧客的體驗。

侵略的／未成熟的／緊急的／自私的並不是紫色

沒有耐心的行銷人常常想製造噱頭。噱頭來自自私的地方。

當你做出較好的產品、讓人便於談論的時候，你就是在為人提供服務。當人們談論到你的產品，最好的原因，就是因為他們其實是在說自己：「看我的品味多好。」或者「看我眼光多敏銳，能看到重要的概念。」

反之，如果我們要批評你，譴責你，說你如何越界了，我們就會向鄰居朋友發出訊號，應該要避開你，你會把事情變得更糟。我們不管你花了多少錢、你越過哪條線，或者這個對你來說有多重要。

不，當這個事情對我們有利、我們的品味及地位，我們對新奇事物、對改變的欲望，我們就會把話傳出去。

中止《鬥陣俱樂部》規則

恰克．帕拉尼克（Chuck Palahniuk）寫道，鬥陣俱樂部的第一條規矩就是，你不能談到鬥陣俱樂部。

當小說裡的特定角色（世界觀！）聽到鬥陣俱樂部，就知道這是談論鬥陣俱樂部的暗號。漸漸的，對話就開始了。梅特卡夫定律又派上用場。

戒酒無名會（Alcoholics Anonymous）是個龐大的組織，並非默默無名。活躍的成員都有這樣的習慣，當遲疑的時候，便討論起戒酒無名會，因為談論戒酒無名會是個大方的舉動，也不用覺得丟臉。就好像一艘救生筏，一種與人連結的關係，一個機會，讓你去做別人曾為你做過的事。

現在的概念是水平式傳播：是從這個人到那個人，而不是從組織到消費者。我們從最小的核心開始，讓他們有東西可以討論，也給他們應該這樣做的原因。

我們能夠決定要行銷什麼。如果你想要做出的改變沒辦法引起討論，或許你應該做出不同的、值得去做的改變。

為了傳福音而設計

有些無名戒酒會的成員會將張力帶給非會員。他們很積極（慷慨的）接近有酗酒問題的人，提供幫助。

他們可能認為社交壓力會讓我們不舒服，但是社交壓力也可以讓我們變得更好。福音主義不容易傳播。將張力帶給同事或者朋友風險很高，最好還是避免。

要創造你想做出的改變，一開始最難的部分在於，將福音主義融合在你做的東西裡。人們不會因為這個對你來說很重要，就把話傳出去。只有在對他們來說也很重要的時候，他們才會這樣做。因為這讓他們的抱負變得更遠大，因為這讓他們能夠講他們也感到驕傲的故事。

第 18 章

信任跟關注力一樣稀罕

Trust Is as Scarce as Attention

什麼是假的？

網際網路靠著歸屬感蓬勃發展，其核心來自人與人之間的關係。

但那些傾向於主導權而非歸屬感的力量，將此視為威脅，他們在我們依靠著建立文化信任的聲音及管道周遭，創造出不信任的浪潮。

更不幸的是，我們依賴的許多支柱，也暴露出不良行為和貪婪，這也摧毀了我們想姑且信任那些能夠領導的人。

結果就是，**更多人連結在一起，但能相信的人越少**。科學與事實常被惡意扭曲或因匆忙而誤解，我們變得不敢相信心靈機構，主流媒體、政客、社交網路，甚至是路上行人。

再加上嘈雜的雜音（訊號前所未有的少）以及普遍出現的贗品、敲竹槓，信任岌岌可危。

你相信什麼，相信誰？

在這個不信任的真空之中，行銷人發現自己走在三條路上：

被忽略

偷偷摸摸

受信任

如果你被忽略，你就無法做大事，因為你除了沒得到信任，也沒得到關注。

如果你偷偷摸摸做事，說一套做一套，你可能會贏得一些關注，贏得一些假的信任，但這不會持久。

第三種方法，信任，就是唯一一種能夠讓投資回報的方法。更好的消息是，這是最簡單能夠被接受的辦法。

受信任的行銷人贏得註冊者，他許下承諾，並實現諾言，贏得更多信任。他們就能夠毫不中斷的講述故事，因為關注力伴隨著信任一同前來。這個故事能夠贏得更多註冊者，就能夠導致更多承諾與更多的信任。或許，若這個故事架構明瞭，能夠引起共鳴，就能口耳相傳、人與人之間的談論，就是我們文化中的核心。

從懷疑中得利並非神話，到處都是懷疑，看起來你很有可能無法從中得利，但只有當人朝著他們認為你前往的方向前進時，當他們的身分認同、地位產生危機時，你就能夠獲益。

這時改變就發生了。

行動中的信任

在這個時代，人們只會快速瀏覽，而不閱讀；討論八卦，而不調查。看來贏得信任的最佳方法，就是透過行動。

我們會記得你做過的事，但早就忘了你說過的話。

當你因為瑕疵品被要求退款的時候，是怎麼處理的？你遺失客戶資料的時候，是怎麼做的？當你必須關廠、讓大夥的工作差點不保時，是怎麼做的？

行銷人通常花很多時間講話，也研究要怎麼說。其實，應該花更多時間在行動上面。

講話，是指將重心放在因為危機向社會大眾召開記者會。

不講話，是將重心放在沒人看到的時候怎麼做事的，一個接一個，一天接一天。

對部落來說很出名

名氣能夠養出信任，至少在我們的文化裡是這樣。

每一個人，大約能被一千五百個人所知。

有些人能被三千個人知道。

這個新現象很讓人著迷，當有三千人、一萬人、或甚至五十萬人認為你是名人，事情就能改變。

不只是因為他們知道你而已，也因為他們信任的人可能也知道你。

如果你是商業顧問，設計師或者發明家，有三千個對的人知道你就很夠了。

你的目標並不是要擴展你社群媒體上的粉絲數，而是讓最低有效的觀眾知道你。

公關與宣傳活動

行銷人通常會追求宣傳活動。電視片段、好評、特別報導，讓話傳出去。如果你雇用了公關公司，你請到的就是公關人員。

如果你有良好的公關，那很棒，為什麼不這麼做呢？

實際上，跟宣傳比起來，你更需要的是公關。

公關是門藝術，將你的故事用對的方法傳達給對的人。好的公關會願意為了換取行銷人的信任去建立傳播理念的引擎，不屑那些不計代價的宣傳（只要把我的名字拼對就好）。

互相競爭誰比誰有名的比賽已經開始了，藉助網路社群及部落關係的加持，這個比賽越演越烈。我們曾經給予名人高度信任，但現在有名的人可多了。隨著時間，當每個人都是名人的話，這個熱潮就會消退，但現在，我們對於名人的信任及姑且相信他們，都還極具價值。

第 19 章

漏斗

The Funnel

信任不是靜態的

想像一個漏斗，上面有很多裂縫跟破洞。

你從漏斗上方倒注關注力。

從漏斗下方流出來的，就是忠誠的顧客。

從上到下之間流失很多人。他們離開了，可能因為對你失去信任，或者你提供的跟他們相信的不符，你講的跟他聽到的不一樣；或者就是不對盤，他們分心了，或者被生活雜事耽擱了。

人們在漏斗裡漸漸改變，從陌生人到朋友、朋友到顧客、顧客到熟客，他們的信任度也在改變。

認知失調或經驗導致他們可能更信任你，但更有可能的是，他們分心了、更擔心了、更想逃跑。因為允諾的壓力很大，離開比較簡單。

你可以修好你的漏斗

1. 你可以確保吸引到正確的人。
2. 你可以確保，吸引他們加入的這個承諾，跟你希望他們前往的方向一致。
3. 你可以刪減一些步驟，讓他們要做的決定變少。
4. 你可以支持跟你互動的人，鞏固他們的夢想，同時消除他們的恐懼。
5. 你可以藉由張力，發展出前進的動力。
6. 最重要的，你可以給予那些已經成功在漏斗裡面互動的人一個擴音器，他們可以告訴別人「**像我們這樣的人都這樣做**」。

漏斗數學：凱西．奈斯塔特（Casey Neistat）

凱西在 Youtube 頻道上每支影片都固定有千萬以上的觀看數，這就是許可資產。人們追蹤他，也很有可能分享他的作品。

在最近的一項計畫中，他邀請觀眾到他在 Twitch 上的直播（當我看到那支影片的時候，已經達一百萬觀看數了）。

我點了那個連結，發現那個影片已經有一萬八千個觀看數，所以大概每五十個人之中有一個人會點過去。

那支 Twitch 的影片下面有好幾百則留言，太難數了，就算一千則留言吧。

也就是說，有十八分之一的人會花時間留言。

在這一千位留言者當中，可能有五個人會繼續前進，做更進一步行動，支持凱西任何在做的事情。

從 1,000,000 到 18,000 到 1,000 到 5。

漏斗就長這樣。你的比例雖然可能不大一樣。

凱西之所以是凱西，而我們不是，不是因為他的漏斗特別大。是因為他漏斗的上方很穩定，很輕鬆就接到滿滿的人，與他在旅途中同行。

你一旦贏得信任，一切就會變得更好。

永續的直效行銷漏斗

有一個特殊案例。這個漏斗人人想要，也就是那些在 Google 跟臉書買廣告的數百萬人。

這兩間公司二〇一七年賺進超過千億美元，有一半的錢花在全球的線上廣告。大概幾乎所有廣告都可以被測量，所有的廣告都跟漏斗有關。

在網路廣告花上一千塊美元，就能觸及百萬用戶。

獲得二十個點擊。

這就表示一個點擊五十元。

這些點擊到了你的商店，大概十分之一會轉換為訂單。

這代表每一筆訂單，你得花五百美元。

如果你幸運的話，在我們描述的這個企業中，一名顧客的終身價值超過五百美元，所以你就能夠轉身再買更多廣告，以同樣的成本，獲取更多顧客。然後再重複一次、再一次，這些廣告等於免費，像魔術一樣！

當然，你利潤的一大部分，從你的口袋跑到你買廣告的地方，這也就是為什麼這兩間公司這麼成功。他們拿走所有廣告主利潤的一部分，可能每一筆銷售Google 就賺進一百元利潤，你身為廣告主包辦了所有的工作，只賺十塊。

但你覺得可以接受，因為下一次交易的利潤還是正值，既然你有賺錢，要買更多廣告就很容易。

漏斗便向前推進。

這就是直效行銷人做的夢。很明顯的，是廣告幫自己賺錢，讓你擴大，你能夠評估什麼是有效的，重複操作，就能成長。

值得一提的是，很少有機構仔細計算其中的數學。他們花了錢便開始祈禱，希望水到渠成。

但如果你夠謹慎，有警覺心的話，就會去了解從漏斗上方投入關注力所花費的成本。你不但能夠改善潛在顧客的品質，也能提高流程的效率。

想盡辦法降低第一個點擊的成本。但如果你在廣告裡做出荒謬的承諾，反而會得到反效果。因為人們一旦進入漏斗，他們停止相信你，張力消失，你的成效就會大跌。

你可以試著研究能否更動或者刪去哪個步驟，你可以先試著請人加入你的社群，或了解你的概念，再請他們付錢，看看會發生什麼事。在顧客的終身價值上投資，為你的客戶打造新東西，而不是東奔西跑，為了你的東西尋找新的客戶。

當我剛開始踏入行銷這一行時，我猜測不到5％的廣告主會評估他們的成效，在電視、廣播、印刷品的時代的確很困難。但現在我猜大約有六成的人會去評估，因為數字都很清楚。我們所缺乏的，就是完整的解釋數字意義的分析報告。

順帶一提漏斗數學

我不清楚為什麼大家對於漏斗數學感到如此困惑，但如果你一步一步拆開來看，就能夠了解。

你首先應該弄清楚的，就是顧客的終身價值。我舉個簡單例子：對超市來說，新的忠實顧客價值多少？

如果我們僅計算單趟走進超市裡面的利潤，可能只有一兩塊。超市的利潤很低。

但如果這個人成為常客呢？他如果在接下來五年內都住在附近（在許多郊區裡很常見），一週來兩次，一次購買一百多美元的商品？那就是超過五萬美元的交易。就算以毛利率2%來看，也表示每一個新客長期將帶來一千美元的利潤。

然後……

如果你的超市很特別，一旦有人來逛，他們很有可能告訴街坊鄰居，而這些人成為常客呢？這使每一位新客更具價值，因為他們成了你成長的引擎。

這表示，一間超市應該為了贊助附近新居民的活動，因為漏斗很有效。

這也表示，如果有顧客覺得這個四美元的哈密瓜不夠熟，超市就應該及時道歉並退款。為了與顧客爭辯而損失一千美元的交易實在不值得。

我們運用科技跟服務，可以想得更遠。對Slack這種服務來說，早期顧客的終身價值可能等於或超過五萬美元。如果我們把他們長期支付的費用算進來，再加上他們的同事可能支付的費用，獨占市場所得到的企業成長，作為佼佼者的股票價值——很容易能證明這樣的分析很合理。如果最一開始的一千名顧客是對的人，基本上他們是無價之寶。

好，所以如果這就是終身價值，等式裡面的成本，也就是漏斗應該長什麼樣子？

這個問題，可以舉郵票來當例子。

如果寄送一封貼好郵票的信要花五十分，你需要寄多少封信才能獲得一個客人？

如果像以前那種直接郵件的時代，我們只需要知道這些就夠了。

如果你需要寄一千封信才能得到一筆訂單，就表示每筆訂單花了你五百美元（因為一封信成本五十分，對吧？）。

如果你每位顧客的終身價值是七百美元，郵票就買越多越好！但如果顧客的終身價值是四百美元，你買郵票也做不了生意。你需要更好的信，或者更好的企業。

這個簡單的分析，就是你聽過 L.L. Bean、Lands' End、維多利亞的祕密的原因。他們買了很多郵票。

網路使得這項行為更快、更有力，也產生更多細微差異。

在網路上，你無法向郵局購買郵票。

你向 Google 或臉書購買點擊數。

這些點擊會連到網站。

這個點擊會跑到網站的另一個部分。

或者導向電子郵件。

或者下載試用版。

然後就會導到下一步，不斷繼續連結，直到你將顧客的興趣轉變為訂單。

第一步到最後一步之間的每個點擊，都讓你的漏斗越來越貴，但如果你刪去太多點擊的步驟，就沒有人會相信你，向你購買。

如果顧客覺得用了你的產品或服務有所改善，他們就會黏著你，就能產生我提到的終身價值。

如果你看不到漏斗，就別買廣告。

如果你評估漏斗，發現成本太高，讓你無法支付廣告費用，就別買廣告，先修漏斗吧。

漏斗的真相

漏斗不會成為成效良好的魔法噴泉。

我也希望它會，但機率極低。

有很多人想要推銷給你一個神奇的、自動運作、被動收入的漏斗，這種奇蹟似的漏斗非常少見。

因為新客的終身價值很少能超過得到新客所必須付出的廣告成本。人們的信任度低，網站資訊繁雜，這些廣告幾乎沒辦法賺回本。人們看到許多廣告，許多承諾，讓人投入的成本非常高。

事實上，大多數重要的品牌、興旺的組織，都是藉由廣告加分，但基底為良好的行銷。他們因為使用者向朋友宣傳而成長。他們會成長，因為他們是興旺的個體，對他們服務的社群提供更多價值。他們會成長，因為他們找到的部落，跟他們想做出的文化改變理念一致。

你為了改善漏斗，所做出的努力是值得的。但試著建一台永久運轉且能營利的機器，總是白費苦工，因為要做一個能持續的事情，你可能會花費太多力氣或做得太急。

我們的目標是去準備一些廣告，設計給嘗鮮者、想找到你的人。以高頻率建立信任。獲得試用，產生口碑。藉由一群人獲利，這些人需要你的產品，才能讓他們成為他們現在的樣子，以及成就他們所做的事。

要跳過最後一部分，以及第一個點擊之後的發生的事很簡單。如果你只做簡單、昂貴的部分，你對產出的結果一定不會滿意。

長尾的日子

用一張簡單的圖表，就能解釋克里斯・安德森（Chris Anderson）的長尾理論：

左邊的是熱門金曲，數量不多，但都大賣。第一名賣的數量是第十名的十倍，第一百名的百倍。熱門金曲就是有這種魔力。

右邊的就是剩下的，長尾，給專業興趣的好產品。每一首獨立來看，都沒辦法賣很多，但整體看來，長尾部分的銷售量其實跟短邊的部分一樣。

亞馬遜上面有一半的銷售量來自前五千名榜以外的

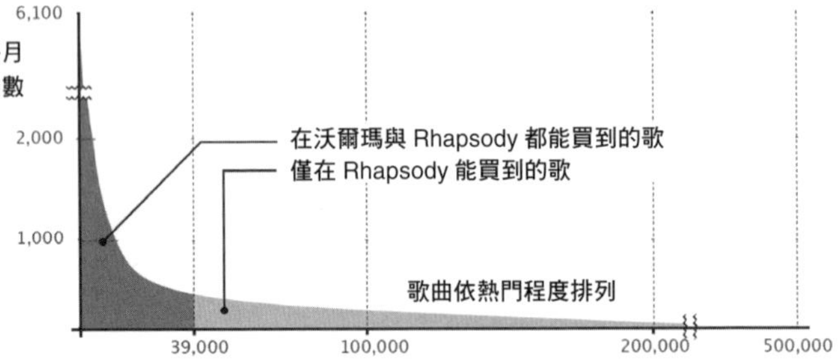

書。占了一半！

串流音樂平台上的音樂，有一半不存在於實體商店中。不是指CD張數，而是總量。

亞馬遜這個之所以策略能成功，因為他們販賣市面上所有的書。儘管每一位作者都過得有點痛苦：一天賣一兩本書，這絕對沒辦法生活。

如果你是音樂人，有著十二或二十四首歌，歸類在長尾的那端，也沒辦法讓你生存下去。幾乎所有在開放市場推出商品的人，都屬於長尾的一端。

下面有一張類似的圖片，代表網站的流量。

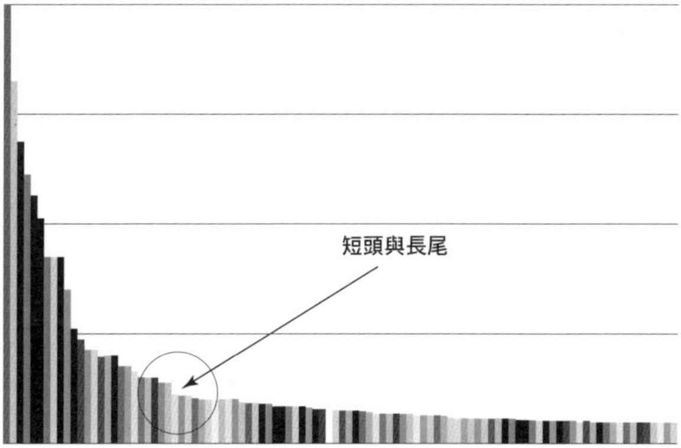

最熱門網站的流量

如果你在圓圈中，或者更慘，在圓圈右邊，你的影響力或廣告費用都不具競爭力，因為雖然Google能從每一次的搜尋中獲利，其他在邊緣的大多數人都只是苟延殘喘。

市場巨頭（如亞馬遜、Netflix、iTunes）依賴一些被誤導的人所抱持的希望和夢想，等他們退出長尾。分別看來，每一個人都在苦撐，但整體看來，生意還是很好。

愚人節、逾越節、生日、復活節T恤

我舉一個以長尾生存的鮮明例子：有一天，我在亞馬遜看到一件特價的T恤，上面寫「今天是復活節、逾越節、愚人節，也是我生日。」

這個商品明顯是個特殊商品，也不可能靠這件商品賺回成本。畢竟，三六五個人當中只有一個人能夠穿這件的衣服，可能一千個人裡面又只有一位真的會買來穿，又或者，我不知道，可能一百個人裡面有一個人的朋友會想到搜尋這樣的衣服，所以賣家大概賣出四件衣服。

但商品確實存在。

我又搜尋了一下，看到這樣的衣服（下圖）：

我懂了。這就是長尾生意。有些公司產出數千、數萬款T恤讓人訂製。長尾理論以及亞馬遜無限制的上架空間，讓這樣的生意得以實現。他們單一一件的T恤可能不會賣出多少，但整體而言，我合理估計他們一個月可以賣出幾千件衣服。

如果你可以將長尾的一個區塊聚集起來，就能夠成功。但你沒辦法只賣一件奇特的衣服，就來碰碰運氣。

這就是網路的偽承諾，讓你認為你可以占到長尾的一丁點部分就能過得開心。任何人都能唱、能寫、能舞、能搞笑、能指導、能兼職，任何人都會這樣做，所以你也沒問題。

但你不會沒事，因為你沒辦法以此維生。那些網站可以，像是Upwork、

Fiverr、Netflix、Amazon 做得到，但你做不到。

我們知道有些人例外，一年靠 Youtube 頻道賺了幾百萬美元的小孩，或者有數百萬粉絲的時尚名人。但成為例外不是靠策略，而是一種嚮往。

解決之道

熱門金曲能賺的錢，比賣出很多張 CD 的利潤還高。事實上，金曲之所以熱門，就是因為人們喜歡它。

我們喜歡做其他人也在做的事。

（其他人指「所有像我們的人」）

你大概也猜得到這個策略：將一個市場分為許多鐘型，就能得到多數人集中處以及許多長尾。

有針對青少年的文學小說市場、晶片雕刻書市場、GH5 相機製作電影的影音課程市場，和即興表演的市場。

還有持續音（drone music）的市場，因為音樂太大聲，觀眾需要戴上耳朵保護套。

在這數以百萬計的每個市場中都有集中處，至少當有人與市場裡的其他人連結在一起後，他們知道彼此的存在，他們了解彼此，也知道熱門作品是什麼。

因為熱門作品把他們連結在一起。

他們看到之後，就可能想要這個作品。

這就表示要靠長尾生存，需要兩個必備元素：

1. 創造出對該領域最棒的、最菁華、最突出的貢獻。
2. 將你為了他們所設計的市場與他們連結，讓他們了解你位於短頭，這個熱門作品就是將他們黏在一起的膠水。

像是《洛基恐怖秀》（*Rocky Horror*）就位於集中處。得偉（DeWalt）20V Max 無碳刷電鑽調扭起子機也是。

熱門作品讓我們聚集在一起，這樣的東西，說明你跟我們是同類人。

雖然網路是用來探索的工具，但你不能等著被發現。

你應該將你想服務的對象連結在一起，就能夠產生影響力。

在鴻溝上搭橋

我們不知道誰發現了壺洞，或者誰替大峽谷命名，但傑弗里・摩爾（Geoff Moore）發現鴻溝（chasm）的概念，這是在羅傑斯的曲線中常被忽略，但非常致命的裂縫，這個曲線在描述概念如何於文化中擴散。

早期採納者跑第一；他們因為產品新、有趣、有點風險而買東西。

他們會這樣做，因為他們喜歡新的、有趣的、有點風險的產品。

但問題就出現了。這些嘗鮮者數量不足以讓市場運作。大組織、大規模的活動，以及實質的利潤，通常依賴大眾市場——也就像我們這樣的人去行動。亨氏食品（Heinz）、星巴克、JetBlue、美國心臟協會、亞馬遜，以及其他數以百計的企業皆仰賴大眾市場。

你要如何做到像他們一樣呢？

最直覺的答案是，早期採納者會把你的概念帶給大眾，一切就搞定了。

但往往，事情並非如此。

這不會發生，因為大眾市場想要的東西，與早期採納者想要的東西不同。大眾市場想要有用的東西，安全的東西。想要符合模式比對（pattern match），而不是模式阻斷（pattern interrupt）。他們是認真的認為「像我們這樣的人都這樣做」。

摩爾認為，只有少部分的創新發明會從市場的一端跑到另一端。因為為了滿足早期採納者，你可能只得讓大眾不滿。你的創新產品做的事（改變事情）就是唯一一件大眾市場不希望發生的事。

他們不想要交易DVD，不想學新的軟體平台，不想在網路上閱讀新聞。

你如果想了解這種衝擊感，在蘋果專賣店裡面的服務台花一兩個小時，看一看是誰在那裡，以及他們去的原因。聽看看他們問什麼，注意他們的臉部表情。

鐘型中央的人不是積極採用者，他們在勉強適應。這就是為什麼他們位於曲線的中間。

你的橋在哪裡？

鴻溝上方的橋因為網路效應而存在。在我們的經驗裡，許多成長快速的行銷成功案例能夠擴展，是因為當大家都知道這個概念的時候，就能運用得比較好。

對早期採納者來說，將你的概念帶過鴻溝走向大眾，有個很大的誘因，那就是如果他們身邊的人也採用這個概念，他們也能過得更好。

你沒有理由去跟別人講你喜歡的新款巧克力，如果其他人吃了這巧克力，你的生活也不會改善。

反之，你花很多時間跟別人聊到Snapchat、Instagram、Twitter，因為如果你的朋友追蹤你，你的生活就會變得更好。

這就是一個網路效應的棘輪式的力量。緊密相繫的部落比單獨分開的部落更有力量。早期加入的個體有誘因讓他們想要推動別人加入，所以他們便行動。

當然這不只是科技，僅管科技常常是模式阻斷背後的力量，重新塑造我們的文化。

我想發起一趟華盛頓特區的巴士之旅的誘因是因為我想抗議槍枝暴力。如果有更多人參與，不只會帶來更大影響，那一天也會更有意思。

請朋友聯署支持當地社群支持型農業的誘因是，如果一個地區裡只有幾個人參加，農民就無法提供這樣的模式，但如果更多人參加，對所有人來說，農作物的種類也變多了。

這些概念要在點對點之間傳送，就看我們如何跨越鴻溝，傳遞網路效益給別人，讓這個奇怪的投球變化很值得。

橋樑基於兩個簡單的問題：

1. 我要告訴朋友什麼？
2. 為什麼我要跟他們講？

人們不會因為你希望他們這樣做，你請他們這樣做，或者因為你工作很努力，他就分享給朋友。

給他們一個理由。通常是跟你所提供的改變有關。提供更好的東西，讓事情變得更好，提供一個有網路效應的東西、一個棘輪、一個讓他們願意分享的原因。

在鴻溝生存

技術成熟度曲線（Gartner Hype Cycle）是一個絕佳的、描述文化改變的整合分析。

科技開啟了你藝術的大門，你想做出的改變。它跳脫了舊模式。

在那個時候，行銷可以幫助你找到嘗鮮者，且不可避免的，這些早期採納者會大肆宣傳你的作品。他們當然會這樣做，這也就是早期採納者之所以為早期採納者的原因之一。

當市場上其他人收到這樣的概念時，他們的反應卻一點也不熱烈，因此就來到低谷期，也可視為摩爾的鴻溝。這時候，嘗鮮者已經開始覺得無聊，而大眾市場輕視你，你很有可能會失去動力。在這時候，你需要一座橋，一個新的方法，來跨越文化，以符合這個新的、更加保守的市場的價值觀。

技術成熟度曲線

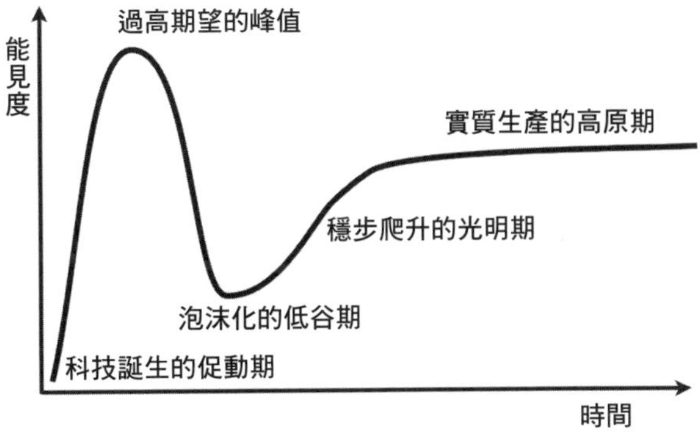

撐過去之後，你就能夠往上爬坡，走到新的高原，現在你對於大眾，就是無可取代的。新的模式已取代了舊的模式。

你可能找不到那座橋

幾年前，我在 Squidoo 的團隊發布了 hugdug.com。

HugDug 的概念很簡單：你可以建立一個網頁（大概花四分鐘），為亞馬遜上任何你喜愛的產品建立資料。例如你選了一本書，網頁就會帶進封面、書名、帶連結的按鈕。

你可以添加自己的評論，以及相關的內容。

如果有人找到這個網頁並購買這本書，亞馬遜就會付我們使用費，其中的一半將捐至你喜愛的慈善機構。（這個比 smile.amazon.com 早了好幾年，而且我們捐給慈善機構的次數是它們的二十倍）

我們認為作者會開心的用這種方式宣傳他們的書，這比亞馬遜的網頁容易操作，他們也擁有掌握資訊呈現的所有權、更不用說其中帶有慈善精神。

我們也希望一般 Pinterest 的粉絲會認為這樣的網站不僅建立容易，而且也充滿樂趣，因為他們能夠替他們關心的事物募款。

我們的理論是，我們能夠找到早期採納者，嘗鮮者會想試一試網路上的新奇玩意。我們覺得他們一旦發現這個可行，就會繼續使用，將我們移到長尾的一端，產生出數千個網頁。

隨著口碑效應，就會有新的作家加入，成為主要使用者，他們會瘋狂的推廣自己的書。

若看到我們 HugDug 網頁的人，不僅能夠以亞馬遜相同價格（因為是同一個價格）購物，還能夠打造自己的頁面（在菁英族群裡面分享洞見，為了慈善，進

而提高自己的地位）

我們持續努力了幾個月，卻以失敗收場。

我認為失敗的主要原因，是因為雖然我們有試用（建立起數千個網頁），我們找不到任何主要使用者。建立超過十二個網頁的人、或者努力推廣的人不到六個。

我們所建立的張力一下子就散掉了。人們覺得造訪一次之後，沒有什麼好的理由讓他們再回訪。長尾端太長了，HugDug 的頁面一個月裡面賣不出一本書，也是很正常的事。大部分的人在推廣頁面的時候感到遲疑，要向你的朋友推薦線上購物網站，在情感上也不是那麼容易的事。

我們學到的教訓是，像 Kickstarter 那類的成功案例總是看似簡單，要做起來很難。我們天真的以為四個月就能讓我們一夜成名，我們低估要創造出足夠誘因，其實是很難的，而且最重要的是，我們未能創造出動態的張力，讓我們早期的用戶轉變為互相連結的大使，在我們跨越鴻溝的時候，幫忙轉動棘輪。

我們做得不夠多，無法講述地位的故事，我們也不了解第一批顧客，不知道他們想要什麼、他們相信什麼、他們說了什麼。

案例研究：
臉書，跨過最大的鴻溝

我們一生當中，只有少數品牌能夠完全轉換到大眾市場。星巴克，這個大多數的讀者很熟悉的品牌尚未完全成功，海尼根或者貝果也還沒做到。

但臉書做到了。

這張圖表可以看出大致的樣貌：

每一個長條就是每一年的用戶數（每個月數字不一樣，但你懂這個概念）。大概在二〇〇八年的某個時候，一大群人開始使用臉書。

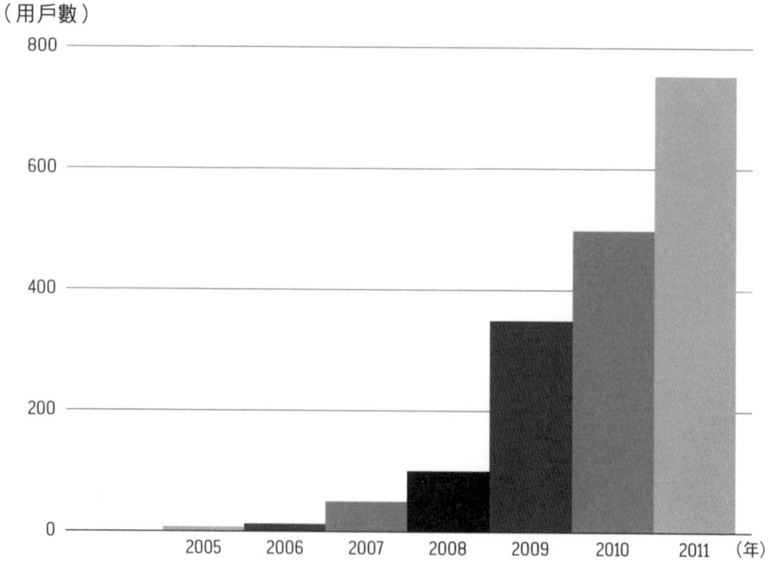

這樣的跳躍式成長會發生，因為註冊的理由從「這看起來很有趣」變成「這對我會有極大幫助」又變成「我是全地球最後一個沒去註冊帳號的人了」。

臉書一開始在哈佛剛起步的時候算是祕密進行，懷有不安全感的哈佛學生有著迫切的地位需求：想知道自己位在哪個階級。

隨著在常春藤盟校間的盛行，臉書也跨過一個又一個的鴻溝。每一間學校，都有一個嘗鮮者率先使用（因為他們喜歡搶第一），地位的棘輪讓臉書蔓延開來。你有越多臉書朋友，你的地位就越高，其他已經使用臉書的人擁有一個讓你羨慕的地位（其他長春藤的學生），臉書開始的點很適合周遭都是沒有安全感、高地位的年輕人，有著高速網路，空閒時間也很多，想要即刻被看見、與人連結，也想要在看不見的階級中爬升。

一旦臉書在當地部落中盛行，要跳到其他學校就比較簡單，最後就是大眾。

最後一個跨越的鴻溝價值十億美元，身分地位再一次起了作用。臉書能夠將書呆子與地位連接起來，他們就能夠在市場中間創造出無法抵擋的棘輪。要不加入，要不就面對你最深的恐懼——面臨社交孤立。

雖然大多數行銷者好像想要跨出最後的這一大步，但其實不然。市場實在太大，傳統的網路效應亦不夠強。

跨越區域鴻溝

好消息是，你不用跨越全球性的鴻溝，區域性的鴻溝就足以改變所有事情。

本地的小學就是一個很好的例子。有個小孩週一帶了溜溜球上學，但他剛好在錯的日子做了錯的事情。

幾週之後，有一個迷人的五年級女生來玩溜溜球，宣布她將發起一個溜溜球聯盟，這個專屬的俱樂部開放給所有人。她玩的技術不錯，但她更會威嚇別人。她多帶了三個溜溜球給她的朋友玩。

很快的，他們四個人就在廣場上玩、遛狗、小憩。她的選擇很明智，每一位早期採納者都是靠著自己的能力成為領導者。一週之後，廣場上有三十個玩溜溜球的小孩。加入的成本很低，很快就能得到回報，連結的情感很真實。

一週之後，似乎整個學校都在玩溜溜球。

因為溜溜球只是個流行，一旦黏著度消失，流行退去的速度跟當初擴散的速度一樣快。當然如果你建立認同感、持續不懈的話，也不一定會消退。

UGG鞋、黑色後背包、penny skateboards滑板都經歷過類似的鴻溝跨越。使用者帶著實驗性質的試探。只有適應與網路效益組合在一起，製造出夠多的張力，這些概念才會跨越當地鴻溝，我們才會注意到。

本地村莊的淨水

對於生活優渥的幸運兒來說，擁有乾淨的水似乎理所當然。我們從不知道水還有可能是別的樣子。

但在世界上有十億人口的人所知道的水，是髒水、充滿寄生蟲才是正常的。通常得走上好幾個小時才能取水。水對生命不可或缺，但也讓人生病。

以國際水健康組織（Water Health International）為例，當他們帶著淨水機到一個村莊時，有些居民立刻理解它將帶來的影響。他們向國際水健康組織購買特殊的德國桶，每天付費裝滿新的一桶水。花點小錢購買乾淨的水，就能賺到省下的時間、生產力也增加了，也減少醫療支出。

不過，不是每個人都馬上開始買水。大部分的人沒有行動。實際上，他們的採用曲線與接受其他事物、像是玩具或電腦並沒有兩樣。早期採納者會先購買，他們可能受過教育，了解乾淨用水帶來的力量；但他們也有可能只是喜歡買新東西而已。

早期採納者不僅渴望先行動，他們也非常想分享自己的經驗。國際水健康組織的水桶色彩明亮（這樣才知道水不是裝在受感染的容器裡）就好像榮譽徽章，開啟對話。不過，剛開始的日子總是過得比較長，要改變一個代代相傳的習慣，就算是像水這種與生存息息相關的事情，也不可能一夕就能成功。

不過，早期採納者仍滔滔不絕的講故事，這並不是一股流行；我們每天、永遠都需要乾淨的水，而且水是很容易分享並聊到的話題。

為了推動當地的改變，國際水健康組織派代表到當地學校。這些代表帶著投影顯微鏡，與老師合作，請一些學生從家裡帶來一些家中用水。

當這些水的樣本投影到牆上後，投影顯微鏡所講的故事，讓這些八年級生產生共鳴。這就是細菌的樣子，這就是寄生蟲的樣子。這些學生回到家後，就會告訴他們的爸媽。

現在地位開始起作用了。

當你的小孩在說鄰居有著乾淨水可以用，我們家沒有。當你看到村莊裡德高望重的人士帶著顯眼的德國桶，你在家招待客人的時候卻因為拿不出乾淨的水，而感到遲疑。

這就是棘輪，它不是基於明顯的網路效應，是從周遭的人建立起來的、傳統的人際網路效應。村莊裡有越來越多人得到乾淨水，未使用乾淨水的人感到社交孤立，而且覺得自己愚笨。大多數人都能付得起水費（因為省下的時間、髒水帶來的影響），但困難之處在於情感上的轉移。

在幾個月內，水就跨越當地鴻溝，從早期採納者擴展到村莊內的其他人。

順帶一提B2B行銷

B2B指的是企業對企業，也就是企業之間的銷售行為。

它會涉及三個或更多的市場，B2B的行銷跟其他行銷一樣。

B2B行銷看似複雜，好像是完全不一樣的事情，龐大的數字、需求建議書、專注於符合規格、價格戰、銷售循環、一點都不好玩。

想一下美國LEED認證的成長情況。美國綠色建築協會（The Green Building Council）設定了一系列效能標準，建築物（世界上最貴的東西之一）必須符合這些規定，認證剛開始推行的時候，一天只有兩棟建築物申請認證。

這些就是早期採納者，想要新話題的建築師和營建人員。

照當時的速度來看，他們可能要花上一百年才能達到他們後來花了十二年就達成的數字。

發生什麼事？在房市崩盤之前，通過認證的建築數量呈現跳躍式的成長，並持續往上。為什麼呢？

試著從房地產開發商的角度來想。開發商將投入融資所得的大筆資金建造大樓，這棟大樓將會出租、或者最終販售。

如果只有少數人堅持租或買LEED認證的大樓，就足以賦予擁有這樣大樓的人地位，如果你在建大樓的時候想省錢，你最後可能會後悔，擔心你的大樓被某些人認為不夠好。

所以搶著當第一名的競賽就開始了。

每一個開發商都有自己的觀點，這個觀點導致自私（但最終是正面）的決定，拿到認證。

每一個企業採購都會問自己一個問題：「我該告訴老闆什麼？」

對這個問題，你可以行銷一番：「如果你選了這個，就可以告訴董事會／投資人／老闆……」

靈感用盡的行銷人可能會接

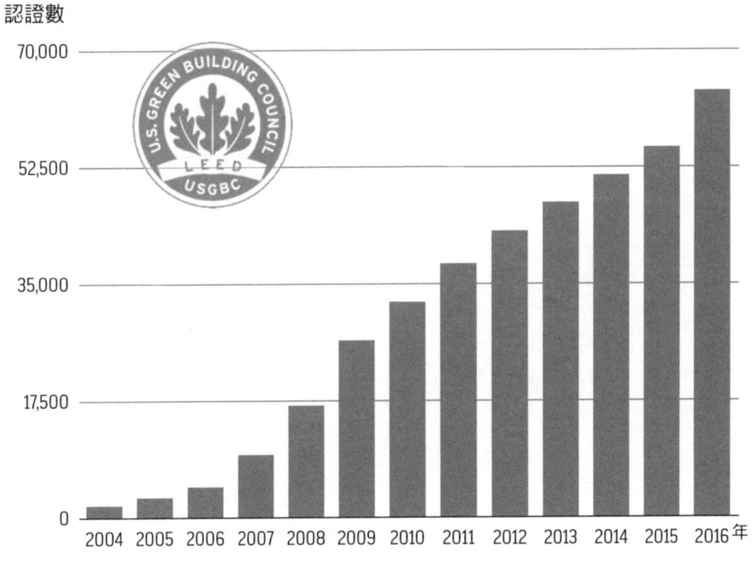

「買最便宜的」。

但我們其他人，有機會以地位、恐懼、親和、歸屬感、主導權、安全感、承諾、洞見、或者其他我們討論過的情感，來結束這個句子。

第 20 章

組織並領導一個部落

Organizing and Leading a Tribe

這不是你的部落

當我聽到有人說他很幸運能和一群人一起工作、並領導這群人時，我第一句話便說：「這不是你的部落。」

這個部落並不屬於你，所以你不能告訴成員該做什麼，或者為自己的目標利用他們。

如果你的運氣不錯，可能會有部落願意聽你說話，思考你說的內容。

如果你真的很幸運，他們會將你的話詮釋為有助於帶領部落前進，你可能有機會再做一次同樣的事。

如果你投資他們，他們會告訴你他們想要的、需要的東西。你從他們身上獲得同理心，了解他們的觀點，也能再次為他們服務。

如果你離開了，部落應該能繼續存活下去。你的目標是，如果你離開的話，他們還會想念你。

「現在」的力量，而非「以後」的

馬歇爾・甘茲（Marshall Ganz）是名出色的哈佛教授，他曾經與凱薩・查維斯（Cesar Chavez）還有巴拉克・歐巴馬（Barack Obama）一同共事。他清楚的提出如何把敘述化為行動的三個步驟：自我的故事、我們的故事、現在的故事。

我的故事讓你有個立足點及談話的平台。你講到自己的轉折點，從你原本是誰到你後來成為的人，你大方的與我們分享。

這不是讓你加油添醋的講述自己的情況，或者引起線上的虛假同情，反之，**這個故事是讓你有機會解釋，你跟我們是同類人**。你這樣子做事，你的行動導致改變，我們聽了、看了之後也能夠理解這個故事。

我們的故事是部落的核心。我們為什麼相似？我們為什麼關心？我能夠有同理心，設身處地為你著想嗎？

我們的故事是關於我們聚集在一起，而不是一盤散沙。這解釋了為什麼你的故事跟我們有關，當你成為我們的一分子後，我們會得到好處。

現在的故事是很關鍵的樞紐。現在的故事讓你能夠將部落帶進你的旅程當中。部落裡的同儕機會／同儕壓力會產生張力，讓所有人一同前進。

我曾經像你一樣，我曾經獨自走在沙漠裡，然後我學到一些事情。現在我在這裡。

當然，我不孤單。我並不是獨力完成這一切的，我在你身上看到我當時的痛苦，我們在一起，就會變得更好。

但如果我們猶豫不決，或者丟下其他人不管，就行不通。當下的急迫性需要我們一起去做，不拖延，不要後悔，也不要屈服於恐懼。

我的故事

我們的故事

現在的故事

我舉個簡單的例子：「我曾經超過標準體重五十磅。我的健康狀況亮起紅燈，人際關係也不順利。後來我接觸挑戰性很強的花式溜冰。一開始很難，但也給感謝我在溜冰場的新朋友，我體會到溜冰的樂趣。我在幾個月內瘦了幾十磅，但更重要的是我很滿意自己的樣子。」

「我真正的收穫是在學溜冰當中交到的朋友。我發現心靈上得到滿足，跟朋友一起在冰上活動，不管是你這樣的老朋友，或者溜冰場的新朋友，都讓我覺得更有活力。」

「我很開心你今天願意來到溜冰場。我打過電話了，請他們留一些溜冰鞋給你租。」

在第一段，我們聽到朋友的故事，從這裡到那裡的一段敘述。

在第二段，我們聽到改變與朋友的人際關係，也包括像跟我們這樣的人的關係。

第三段，行動呼籲，讓你有當下立刻去做的理由。

操縱是部落的殺手

著名的社區組織者勞工索爾·阿林斯基（Saul Alinsky）在他的書《叛道》（*Rules for Radicals*）列出十三條原則，可以用於政治環境裡的零和遊戲，以嚇阻、打敗敵人。

「權力不僅是你擁有什麼，還是對手認為你擁有什麼。」

「永遠不要超出對你的群眾的經驗範圍。」

「盡可能超出對手的經驗範圍。」

「逼迫對手遵照他們自己訂的規則行事。」

「嘲弄是人類最強而有力的武器。」

「好的戰術是你的群眾會喜歡的戰術。」

「拖延太久的戰術會變成累贅。」

「不停施壓。」

「威嚇通常比行動本身更可怕。」

「戰術的重要前提，是發展可向對手持續施壓的行動。」

「如果你對一個不利情況施壓夠猛夠深，將可突破成有利的局面。」

「成功進擊的代價是具建設性的替代方案。」

「挑選目標，鎖定它，將它人格化，使它兩極化。」

唉！不幸的是，現在大家在各種議題上，不管正反兩方都經常使用這些手法，遠離公民論述。如果你非常堅持你是對的，願意玉石俱焚，很快的早晚所有人都一同身陷火窟。

如果我們把規則倒過來，會發生什麼事呢？

「讓人們去工作，這比金錢更有效。」

「挑戰你的群眾，去探索，去學習，適應不確定感。」

「找到幫助其他人走上正軌的方法。」

「幫助他人制定有助於他們成功的規則。」

「想要別人怎麼待你，就怎麼對待別人。」

「不要為了好玩而批評。批評要有教育性，就算毫無娛樂性可言。」

「在其他人都已經對你的戰術感到厭煩時，持續堅持下去。只有在戰術不奏效的時候才能停止。」

「不需要一直施壓。當人們無法忽略它，就會關注你和你想要的改變。」

「不要威脅別人。做，或者不做。」
「建立一支有能力和耐心的團隊，來完成需要做的事。」
「如果你把正面想法一次又一次的帶到前面，你就會替其他人提高標準。」
「在花大把時間找其他人的問題之前，先解決自己的問題。」
「頌揚你的群眾，讓他們自由的做更多事情，讓他們了解這個群體，並邀請所有人參與其中。要反對的是機構，不是人。」

這十三條原則都是行銷人的使命。跟人互動、幫助他們創造他們在找的改變。了解他們的世界觀、講話、行動要與跟他們想要的一致。在這場充滿可能而不會結束的遊戲中，把人跟人之間好好的連起來。

共享興趣，共享目標，共享語言

一個部落不一定要有領導者，但部落裡的人大多有共同興趣、目標跟語言。成為行銷人的機會，就是能夠連結部落裡面的成員。他們覺得孤單，沒有同伴，害怕沒被看見。身為改變的代理人，你可以讓連結發生。

你可以刻意發明一些文化藝品，藉由地位角色來提升服裝、密語、或者祕密的握手方式提升身分地位所建立的認同。你可以是縫製國旗的貝特西·羅斯（Betsy Ross）（貝特西·羅斯本人，或貝特西·羅斯的概念就是一種象徵）。

不要一次就講完，也不要過於明顯，祕密握手、復活節蛋，未知的特色很好。承諾和持久可以獲得額外的優勢。

你也可以給部落挑戰，讓他們更進步，鼓勵他們適應目標，並驅使他們向前。當Nike為了破二運動（Breaking2）承諾投入數百萬美元，希望大家能在兩小時內跑完馬拉松，他們便與部落互動，挑戰整個部落。就算他們未能成功，他們（以及品牌附近的部落成員）還是成為勝出的那一方。

最重要的是，部落也在等你給予承諾。

他們知道大多數的行銷人都是蜻蜓點水式的工作，敲敲門，就換到下一家。但有些人待了下來，給予承諾。部落也會做出承諾來回報。

因為一旦你成為部落的一部分，你的成功就是他們的成功。

如果你放棄，它才會衰退

大家總希望你發起一個運動，離開之後，這個運動還能自我生存繼續進行。大家也有這種願景，當你一旦跨越本地鴻溝，就可以永久成為某個文化的一部分，然後前往下一趟挑戰。

但事實上，這樣的事很少發生。

一定會有新的點子出現，它們在對那些早期採納者招手。早期採納者已經蠢蠢欲動，而且也會是最早離開的人。

一旦張力消失，那些滿足現狀的人也有可能會離開。這些人可能喜歡你的餐廳、你的軟體、你的精神運動有一段時間了，但他們相信卻要離開的現狀仍存在。如果你不能持續加入新的張力或持續性，帶給他們不斷的刺激，他們可能就不會這麼支持你了。

工作上有一個半衰期，任何一種部落裡面的行為，如果不投注精力維持，有一半的活動將會消失。每天、每月、每年，這個半衰期不知道多久，但一定會消退。

替代方案就是重新投資。要有膽識，固守你已經有的東西，而不是一直分心想著要去追逐下一個目標。

最好的行銷人是農夫，不是獵人。栽種、照顧、耕田、施肥、鋤草、重複。讓其他人去追逐那些閃亮亮的東西吧。

在鎮上租一間房

吉格．金克拉（Zig Ziglar）是挨家挨戶賣鍋碗瓢盆的推銷員，一九六〇年代的時候，這樣的工作很熱門。

他公司裡的前三千位銷售代表都照著同一套推銷方法做。他們在車上裝滿了鍋碗瓢盆便上路，到了一個小鎮，賣出一些東西，然後驅車前往下一個鎮。

我們也知道，早期採納者比較好找，也比較容易推銷給它們。

但吉格的策略跟別人不一樣。

他上車，到一個新的小鎮，便搬進去住。每一次他都會住好幾個禮拜，登門拜訪、再度上門拜訪。

當然，跟所有人一樣，他成功的賣給那些早期採納者，不過大家發現，他並沒有跟其他銷售員一樣離開小鎮，他留了下來。

吉格持續舉辦產品展示的晚宴，認識越來越多鎮裡的人。一個月中，他可能會跟在曲線中間的人互動個五、六或七次之多。

這正是這類型顧客在做決定之前所需要的。

吉格算過，他了解大多數的銷售員遇到鴻溝時就會離開，而他選擇搭建一座橋。有時候，什麼都沒賣出去，但沒關係。因為一旦他跨過當地鴻溝，得到的回報就能補足前面投資的時間。

容易做到的買賣，不一定是重要的買賣。

第 21 章

某些使用這個方法的案例研究

Some Case St udies Using the Method

「我要如何找到經紀人？」

這是劇作家、導演、演員常會問的問題。這些產業都有守門員，如果你沒有大門的鑰匙，就得找經紀人。

布萊恩．考波曼（Brian Koppelman）曾經大方分享，這種運作方式並不是那麼直接。當然，經紀人會幫你接電話，但他不會成為你二十四小時的業務代表，從早到晚打電話，孜孜不懈向這產業推薦你。

你要做的並不是去找一個經紀人。而是把你的作品做到讓人驚豔，經紀人、製作人便會自己找上門來。

而你，是毫無保留關心自己的事業的人，是愛上你的觀眾或你的作品的人，也是那個做出重要事情的人。

你的作品不一定得是可拍成電影的故事，或者贏得普立茲獎的劇作。實際上，這個技巧運用在那種未完成、未經琢磨的創作效果最好。

最有效的做法，就是讓觀眾產生不平衡感，這樣的感覺可以激發他們把話傳出去，跟其他人分享，感到療癒。這種不平衡感創造出的張力，迫使這個人問別人：「你有看過……嗎？」也提升提問者的地位，勝利感倍增。

你創造的連結很重要。每個人都有十個朋友、五十位同事、一百個點頭之交。你可以連哄帶騙的讓他們去看你的作品……接下來會發生什麼事呢？

如果這個作品很有力量，如果會造成影響，如果造成適當的張力，他們就得告訴別人。

因為人本來就會跟別人聊天。特別是如果我們有一些想法，我們更會想傳出去。告訴別人我們是如何改變的，是能夠紓解張力的唯一方法。

這是我們在好幾頁之前討論過的困難之處。最難的部分就是決定這是你該做的事情，出現在那些你想要改變的人的前面。

這件事情要先做。

特斯拉破除其他車款的美夢

特斯拉 Model S 剛上市的時候，這輛車的主要功能就是對許多追求新奇的豪華車車主講一個故事，破除他們已擁有豪華車款的美夢。

破除的意思是，那輛車已經不是值得擁有的車了。

不值得拿出來炫耀。

開那輛車不會增加他們身為聰明人、有錢人的地位。他們原本就是一群比別人更聰明又更有錢的族群。

這位豪華車車主前一天晚上睡覺，還認為車庫裡的車又亮又新，尖端科技，有如藝術品一般。車子安全、效能好，也很值得。

然而，他一覺醒來，發現這個故事已經不再真實。

特斯拉知道，會花五萬美元買一輛特斯拉的人不是真正需要車，他們已經有了許多高級車。

伊隆．馬斯克（Elon Musk）創造的車，讓一個特定族群改變他跟自己講的故事，這個故事能將他們的地位轉換成早期採納者、科技宅、環保分子、還有支持創新的人。

全部一次到位。

現有的汽車公司費盡心思將概念車變成真實，他們在車展展示概念車，讓它們大眾化，把創新社會化，讓量產車未來幾年內上路時不會發生事故。

他們無法推出特斯拉，不是因為他們沒有技術（他們有），也不是因為他們沒有資源（他們有）。福特、通用汽車跟 Toyota 之所以沒有推出特斯拉，因為像我們這樣的汽車公司沒辦法冒那麼大的風險，他們的顧客心裡想的也是一樣。

做出一輛車，能造成像特斯拉對豪華車款的那種影響，不是件容易的事。馬斯克代表他的粉絲，在車款的定位上選擇最難的極端值，以同樣大小的車來說，這是有史以來最快、最安全、也最有效的車。三者兼具。

當我們的科技已經從「這可以做得到嗎？」轉變成「我們有這個膽識嗎？」越來越多組織也能夠勇往直前。

以美國全國步槍協會做為榜樣

也許有些組織的爭議可能比美國全國步槍協會（National Rifle Association）還大，但對專注於非營利／政治的行銷人來說，他們無以倫比。

他們的成員只有五百萬人，不到美國總人口的2%，但他們運用這個基數，改變數千名立法者的態度跟關心的重點。他們經常受到群眾詆毀，但持續在他們的營收、影響、收入、形象上讓大家跌破眼鏡。

如果有非營利組織想改變群眾想法，他們想要觸及「所有人」並發展得更大，他們可以從美國全國步槍協會學到一些重要的策略。美國全國步槍協會只專注在最小有效受眾（只有五百萬人），就能夠大聲的說：「這不是為你做的。」

他們鼓勵會員變得活躍，讓他們容易跟朋友談到協會，就能夠創造重大的槓桿效應。皮尤中心的研究顯示，槍枝持有者為了相關議題聯繫政府的積極程度，跟未持有槍枝的人比起來是兩倍。

美國全國步槍協會刻意創造出「像我們這樣的人」他們很滿意自己的圈圈與圈外人，也經常發表公開聲明，而這些聲明故意引起爭議。他們刻意在文化裡做出改變，並不是透過改變世界觀，而是擁抱這個世界觀。

美國全國步槍協會不是我心目中「更好」的代表，但顯然他們與他們想服務的對象產生共鳴。

像他們這樣對特定議題堅持不懈、有紀律的手段，就是我們文化產生許多改變的原因。

讓老闆答應

向世界行銷是一回事，但對一個人行銷又不太一樣了……特別是對你的老闆。

但其實還好，真的。

也許你老闆可能並不想積極改變她的世界觀，她想要她一直都有的東西。她透過自身的經驗看世界，不是你的經驗。她了解像我們這樣的人是誰，在想什麼。她要做一些能夠幫助她達成目標的事情，可能還包括增加她的地位、安全感、敬重。

如果你帶著你想要的東西去找她，著重於價錢、特色或者不實的急迫性，可能得不到你要的答案。

如果你向她要求授權，但沒有提供責任，可能也沒辦法達到你要的目的。

如果你可以再往下挖掘，看到地位，可以化解主導權與歸屬感的對立，以信任獲得註冊者，這個過程會發生變化。

透過服務你的行銷對象，你就能夠做得更好。將他們從顧客轉變成學生，獲得更多註冊者、教導、連結。一步一步、一點一滴。

第 22 章

行銷有用
現在換你了

Marketing Works, and Now It's Your Turn

完美的暴政

完美會讓大門關上，認定我們已經做完了，而且這就是我們能做到的最佳成果。

更糟的是，完美讓我們不去嘗試。想要追求完美，但未能達成，就是失敗。

更好的可能性

更好才能讓大門敞開。更好挑戰我們，讓我們看到更棒的東西，懇求我們去思考要如何改進，才能達到那樣的境界。

更好邀情我們，去代表我們想服務的人，給我們一個尋求改善的機會。

夠好的魔力

夠好了，不是藉口或者捷徑。夠好導致一種保證。保證導致信任。

信任讓我們有機會觀看（如果我們選擇去看）。

看到就能學習。

學習讓我們能夠做出承諾。

承諾或許能贏得註冊者。

註冊者就正是我們變得更好所需要的東西。

將你的作品上市吧。已經夠好了

然後再把它變得更好。

幫助！

我們提供幫助，是慷慨的行為。

我們尋求幫助的時候，就是相信別人能夠看到我們、關心我們。

相反的，如果別人拒絕提供幫助，或者不尋求幫助，大家是封閉的，充滿防禦心，害怕彼此。

如果沒有連結，我們就不能讓世界變得更好。

第 23 章

向最重要的人行銷

Marketing to the Most Important Person

行銷是邪惡的嗎？

如果你（有技巧的）花了時間和金錢，你所說的故事就能擴散、影響人們，改變他們的行為。行銷能讓人購買一些若不是行銷、他們就不會去買的東西；或是投票給他們以前可能不會考慮的候選人；支持一個原本他前所未聞的組織。

如果行銷沒有用，我們大多數的人就是在浪費精力（跟金錢），但行銷有用。

所以行銷是邪惡的嗎？在《時代》雜誌上，有篇關於我部落格的文章，作者開玩笑的說：「這事你一定沒看過：行銷是壞事嗎？我身為一個長期在行銷界的人，必須回答『是』。」

事實上，我必須修正這位專家所述，我會加上這一條：行銷人心術不正嗎？我身為一個長期在行銷界的人，必須回答：「有些是。」

我認為唆使小孩抽菸，或為了利己操作選舉或政治手段，欺騙民眾導致災難性副作用，這些都是邪惡的。我認為當市場上已經推出有效的藥物，卻賣人家無效的藥水，是邪惡的。我認為為了多賺一些錢，卻想出新方法讓抽菸合理化，這是邪惡的。

利用行銷說服人去接種小兒麻痺疫苗，在施行手術前先洗手，行銷就是美好的。當有人因為買到一樣產品變得更開心、更有生產力，行銷就是有力量的。當某些人因行銷而當選，讓社區變得更好，行銷就是有魔力的。約書亞．威治伍德（Josiah Wedgwood）幾世紀之前發明行銷，行銷就成了增加生產力和財富的工具。

不過，我可以大膽的告訴你，你做的事情很有可能是不道德的。把他人的房子洗劫一空，再放一把火燒了，這是不道德的。如果利用行銷，讓他們喪失抵押品贖回權是不道德的嗎？若行銷有用，若我們付出的時間和金錢得到回報，就算你「只是在做你的工作」，我也不覺得你可以置身事外。這還是不對的。

跟任何有效的工具一樣，影響力來自於工具使用者，而非工具本身。跟以往相比，行銷的速度更快，觸及更深、更廣。你能造成的影響是十年前的人所想不到的，而且花費更少。我希望你問自己，有了影響力，你想做什麼？

對我來說，當行銷人以及消費者都了解即將發生什麼事，也對結果感到滿意，行銷就能夠在社會裡順利運作。我不認為賣化妝品給別人，讓他們高興是邪惡的，因為目標不是想變美麗，而是變美麗的過程會帶來快樂。反之，把別人騙出他們的房子，只為了獲取傭金……。

即使你有能力行銷某樣東西，不代表你應該這麼做。你有權力，也有責任，不管你老闆叫你做什麼。

好消息是，什麼是惡、什麼不是，不是我說了算。一切取決於你、你的顧客還有顧客的鄰居。更好的消息是，有倫理的、公開的行銷終究會打敗那些在暗中行事的人。

現在你將做出什麼？

我們要如何處理腦中的聲音？

我們要從哪裡獲得勇氣，將更好的我們帶到這個世上？

為什麼發展出自己的觀點這麼難？為什麼我們要向世界宣告「你看，我做出這樣的東西」會遲疑呢？遲疑的替代方案是什麼？

以上聽起來不像是行銷的問題，但事實上，如果你擱置不理這些問題，它們在你行銷的路上就會成為阻礙。有些人比你的資質不好，或者不夠大方，但都已經超越你，只因為他們以專家的姿態現身。太多人明明很有實力，卻裹足不前。

你工作做得好，作品做得好，跟很會行銷，三者是有差異的。我們需要你的作品，毫無疑問，但我們更需要你帶來的改變。

做出改變像是跨出一大步。感覺很冒險、責任滿滿，而且可能不會成功。

如果你向世界呈現最好的一面、你最好的作品，但世界並沒有收到這個訊息，很有可能是因為你行銷做得很差。

可能是因為你對人們的感受有同理心。

可能是你選錯了軸，而且你未能走到極限。

可能是你在對的時候，用錯誤的方式、跟錯的人講了錯誤的故事。或者可能選錯時間。

沒關係，但這跟你這個人無關。

跟你身為行銷人的工作有關。

你可以改善你的行銷技巧。

我們做的事情，不管是手術、園藝、行銷，都跟「我們」無關，而是跟我們做的「事」有關。

我們是人，我們做的工作不是只為我們自己。身為人類，我們可以選擇做一份工作，也可以選擇改善自己的工作。

如果有人每次都不點擊鏈結、每次都不續約，我們都覺得是自己的問題的話，我們就無法專業的工作。我們為了完美而鑽牛角尖，困住了而不帶同理心。困在牆角，頭破血流。因為我們覺得自己遭受中傷。

要避免這種情況，就必須了解行銷是一個過程和一項技藝。

你在轉盤上捏的陶壺在窯裡破了，並不表示你人不好；陶壺破了，幾堂陶藝課程可能會讓你進步。你有能力做得更好。

身為行銷人必須了解你試著教或賣給對的人「**更好的東西**」，價值遠高於你收取的費用。

如果你想為慈善機構募款，那些捐了一百、一千或者幾百萬美元的人會捐錢，是因為他們得到的價值比捐出去的錢多更多。

如果你想賣個一千美元的設備，人們會購買，是因為他們認為這個價值超過一千美元。

行銷時，我們將價值觀帶給這個世界。這就是人們跟我們互動的原因。

如果你並沒有為了你想要貢獻的改變行銷，那你就等於是偷竊。

如果你提供的價值比你收的費用高更多，就是一樁划算的買賣，一個禮物。

如果你為了如何適當的行銷猶豫不決，不是因為你害羞，也不是因為你行事謹慎，是因為你在偷竊。因為有些人需要向你學習，跟你互動，或向你購買。

如果你突破阻礙，行銷你的東西，就會有人受益。

像是有一個學生想報名，需要人指引，想要去某個地方。如果你還在猶豫要不要以同理心去做、去傾聽他們的聲音，你就讓我們失望了。

行銷人的貢獻就是願意去看、想要被看。

要做到這樣，我們需要向自己行銷，每天推銷自己。如果我們能堅持下去，付出關心，我們會為了自己將做出的改變而推銷自己。

你每天都在跟自己說故事。每一天。

我們可能告訴自己，我們正在奮鬥；可能告訴自己我們默默無名，而這也是應該的。我們可能跟自己說我們是假貨、騙子、操縱者。我們可能跟自己說我們被不公平的忽視了。

如果我們希望這些敘述為真，它們就是真的。而且如果你告訴自己這個故事的次數夠多，這個故事就會成真。

讓事情變得更好。你在行銷的東西很可能沒有實質需求，背後也沒有好的策略，而且你只是自私的認為因為你做出了這個產品，你就應該繼續去做。

那就把它毀掉吧，重新開始，做出令你驕傲的東西並行銷這個產品。你一旦做到這件事，一旦你看著別人的眼睛，他們問：「你能再幫我做一次嗎？」你一旦帶給學生價值，幫他們走到下一步，再做一次、再做一次。因為我們需要你的貢獻。如果你做出貢獻時遇到問題，你就必須向自己行銷，了解你所遇到的挑戰。

這就是我們自己為自己做的行銷，向自己行銷。我們告訴自己的故事可能會改變一切。這讓你能夠創造價值，創造一旦你離開還會讓人懷念的東西。

我迫不及待想看到你接下來將做出的成果。

行銷閱讀書單

（不按特定順序排列）

有一千本我想要你閱讀的書，但我試著標出一些特別圍繞在本書討論過的行銷方式的書：

- 《跨越鴻溝》，傑佛瑞・墨爾著
- *The Long Tail: Why the Future of Business Is Selling Less of More* by Chris Anderson
- *My Life in Advertising and Scientific Advertising* by Claude Hopkins
- 《奧格威談廣告》，大衛・奧格威著
- *Adcreep* by Mark Bartholomew
- *Who Do You Want Your Customers to Become?* by Michael Schrage——一本短小的現代經典
- *Creating Customer Evangelists: How Loyal Customers Become a Volunteer Salesforce* by Jackie Huba and Ben McConnell
- 《新行銷聖經》，大衛・米爾曼・史考特著
- 《銷售第六感》——作者金克拉的書就跟銷售量一樣多

- 《定位：在眾聲喧嘩的市場裡，進駐消費者心靈的最佳方法》，傑克．屈特、艾爾．賴茲著
- 《紫牛：讓產品自己說故事》，賽斯．高汀著
- 《部落：一呼百應的力量》，賽斯．高汀著
- 《行銷人是大騙子》，賽斯．高汀著——在我所有與行銷有關的書籍中，這是最重要的一本
- *Unleashing the Ideavirus: Stop Marketing AT People! Turn Your Ideas into Epidemics by Helping Your Customers Do the Marketing for You*——另一本我的書
- *Direct Mail Copy That Sells* by Herschell Gordon Lewis——他眾多關於文案的經典書籍之一
- *A New Brand World: Eight Principles for Achieving Brand Leadership in the Twenty- First Century* by Scott Bedbury and Stephen Fenichel
- *The Culting of Brands: Turn Your Customers into True Believers* by Douglas Atkin——一顆被忽視的寶石
- 《銷售夢想》，蓋．川崎著——他最棒的一本書
- *The Four Steps to the Epiphany* by Steve Blank——一本具重要行銷洞察力的入門書
- 《引爆趨勢：小改變如何引發大流行》，麥爾坎．葛拉威爾著
- *Marketing: A Love Story: How to Matter to Your Customers*——貝爾納黛特．吉娃（Bernadette Jiwa）很傑出，我推薦她所有的書

- 《甜蜜糖漿》，拜瑞著——有史以來最棒的行銷小說
- 《免費！揭開零定價的獲利祕密》，克里斯・安德森著
- *Rocket Surgery Made Easy* by Steve Krug——一本關於測試、令人驚喜的書
- *The Guerrilla Marketing Handbook* by Jay Levinson and Seth Godin
- *The Regis Touch* by Regis McKenna
- *New Rules for the New Economy* by Kevin Kelly
- *Talking to Humans: Success Starts with Understanding Your Customers* by Giff Constable——關於與客戶交談、延伸的部落格文章
- 《畢德士研討會》，湯姆・畢德士著
- *The Pursuit of Wow! Every Person's Guide to Topsy-Turvy Times* by Tom Peters
- 《先問，為什麼？》，賽門・西奈克著
- 《體驗經濟時代（十週年修訂版）：人們正在追尋更多意義，更多感受》，約瑟夫・派恩、詹姆斯・吉爾摩著
- *Meaningful Work* by Shawn Askinosie
- *The Ultimate Question 2.0: How Net Promoter Companies Thrive in a Customer- Driven World* by Fred Reichheld
- 《獲利世代：自己動手，畫出你的商業模式》，亞歷山大・奧斯瓦爾德等著
- *The War of Art and Do the Work by Steve Pressfield*——談你知道有用但卻總是做不到的原因

簡易行銷備忘錄

為了誰？
為了什麼？
你想觸及的受眾，他們的世界觀為何？
他們害怕什麼？
你會講什麼故事？是真實故事嗎？
你想做出的改變是什麼？
這將如何改變他們的地位？
你將如何觸及早期採納者跟嘗鮮者？
他們為何要跟朋友分享？
他們會跟朋友分享什麼？
將這件事情往前推進的網路效應從何而來？
你建立了什麼資產？
你為此感到驕傲嗎？

致謝

我的內容都是借來的。我沒有任何原創的、像閃電般乍現的想法。如果我借用了一些很不錯的點子，並重新組合成有趣的內容，或許對下個人能有所貢獻。

我在這本書裡借來的概念，比以前多更多。「改變」的概念源自麥可・許瑞吉（Michael Schrage），柏娜黛・吉瓦（Bernadette Jiwa）做很多跟故事有關的事，我跟湯姆・彼得斯（Tom Peters）借了幾乎所有概念。有些段落是來自我每天更新的部落格。感謝潘・史琳（Pam Slim）、賈姬・胡芭（Jackie Huba）、珍妮・布萊克（Jenny Blake）、布萊恩・考波曼（Brian Koppelman）、麥可・邦吉・史戴尼爾（Michael Bungay Stanier）、艾力克斯・貝克（Alex Peck）、史蒂芬・普雷斯費爾（Steve Pressfield）、西恩・科內（Shawn Coyne）、艾爾・彼坦帕里（Al Pittampalli）、依許塔・古帕塔（Ishita Gupta）、克里・希伯特（Clay Hebert）艾力克斯・迪帕瑪（Alex DiPalma）、大衛・米爾曼・史考特（David Meerman Scott）、艾咪・考波曼（Amy Koppelman）、妮可・瓦特（Nicole Walters）、布芮尼・布朗（Brené Brown）、瑪麗・弗里奧（Marie Forleo）、WillieJackson.com、賈桂琳・諾沃格拉茨（Jacqueline Novogratz）、約翰・伍德（John Wood）、史考特・哈里森（Scott Harrison）、凱特・霍克（Cat Hoke）、米歇爾・特蒙特（Michael Tremonte）、凱勒・威廉姆斯（Keller Williams）、提摩西・費里斯（Tim Ferriss）、派翠西亞・巴柏（Patricia Barber）、哈利・芬克斯（Harley Finkelstein）、費歐娜・麥克金（Fiona McKean）、李・齊格・巴列斯特羅斯（Lil Zig Ballesteros）、吉格・金克拉（Zig Ziglar）、大衛・奧格威（David Ogilvy）、傑伊・李文森（Jay Levinson）、雪柔・桑德伯格（Sheryl Sandberg）、亞當・格蘭特（Adam Grant）蘇珊・派佛（Susan Piver）、阿里亞・芬格（Aria Finger）、南希・盧布林（Nancy Lublin）、克里斯・法利克（Chris Fralic）、凱文・凱莉（Kevin Kelly）、麗莎・岡斯基（Lisa Gansky）、羅茲・贊德（Roz Zander）、班・贊德（Ben Zander）、米卡・賽福瑞（Micah Sifry）、麥卡・所羅門（Micah Solomon）、泰瑞・

托比亞（Teri Tobias）、蒂娜・羅斯・艾森柏格（Tina Roth Eisenberg）、保羅・均（Paul Jun）、傑克・屈特（Jack Trout）、艾爾・賴茲（Al Ries）、約翰・艾可（John Acker）、羅汗・拉吉夫（Rohan Rajiv）、妮基・帕帕多波洛斯（Niki Papadopoulos）、Vivian Roberson（薇薇安・羅伯森）、The MarketingSeminar.com 大方的學生與教練特維斯・威爾遜（Travis Wilson）、方思瓦斯・宏托伊（Françoise Hontoy）、史考特・派里（Scott Perry）、路易斯・卡克（Louise Karch）還有傑出的凱莉・伍德（Kelli Wood）、瑪莉・舒哈特（Marie Schacht）、山姆・米勒（Sam Miller）還有弗雷澤・拉羅克（Fraser Larock）。瑪雅・P・林（Maya P. Lim）、珍・帕特爾（Jenn Patel）還有麗莎・狄夢娜（Lisa DiMona）。感謝艾力克斯（Alex）、莎拉（Sarah）、李歐（Leo），以及福聚・佩克（Future Peck），altmba.com 的校友跟教練。

永遠、特別感謝艾力克斯・高汀（Alex Godin）與莫・高汀（Mo Godin），以及海倫娜（Helene）。

國家圖書館出版品預行編目（CIP）資料

這才是行銷 / 賽斯・高汀（Seth Godin）著 ;
徐立妍、陳冠吟 譯 . -- 初版 . -- 臺北市 :
遠流 , 2019.06
面； 公分
譯自 : THIS IS MARKETING
ISBN 978-957-32-8572-4 (平裝)

1. 行銷學

496 108007471

這才是行銷
THIS IS MARKETING

作者／賽斯・高汀（Seth Godin）
譯者／徐立妍、陳冠吟
總監暨總編輯／林馨琴
執行編輯／楊伊琳
行銷企畫／趙揚光
美術設計／張士勇

發行人／王榮文
出版發行／遠流出版事業股份有限公司
地址：104005 台北市中山北路一段 11 號 13 樓
電話：（02）2571-0297
傳真：（02）2571-0197
郵撥：0189456-1

著作權顧問／蕭雄淋律師
2019 年 6 月 1 日　初版一刷
2023 年 2 月 1 日　初版十一刷
新台幣定價 399 元（如有缺頁或破損，請寄回更換）

ISBN 978-957-32-8572-4

YLib 遠流博識網
http://www.ylib.com
E-mail: ylib @ ylib.com